首批国家示范性高等职业院校特色实训教程
国家高技能人才培训示范基地精品培训教程

数控铣工技能实训

主　编　刘　海　孙思炯

副主编　林爱青　张玉东　刘国通

参　编　阮洪涛　谷成林　孟　溪

秦　超　张志慧　陈　猛

杨　鹏

天津大学出版社
TIANJIN UNIVERSITY PRESS

内容简介

《数控铣工技能实训》的主要内容包括：平面铣削、轮廓加工、型腔和槽加工、孔加工、综合加工和 CAXA 制造工程师软件的应用等。本教材主要适用于数控技术专业、机械设计与制造专业、模具设计与制造专业和岗前培训的实训教学。在专业知识安排上，本教材以国家职业标准、专业教学大纲为依据，以双功率节能型数控机床、快换刀架、模切纸盒成型机、数控刀杆等产品零件和典型零件的加工为依托。

本教材以任务驱动为主线，将任务准备、任务实施、任务分配、任务检测、任务评价贯穿在每一课题的教学过程中，新技术、新工艺、新方法得到了综合的体现。本教材具有形象化、动态化、立体化、多元化等特点，贴近学生的认知规律，力求达到学生“乐学”、“能学”、“学好”的目标。

图书在版编目(CIP)数据

数控铣工技能实训/刘海，孙思炯主编. —天津：天津大学出版社，2011.1

首批国家示范性高等职业院校特色实训教程. 国家高技能人才培训示范基地精品培训教程

ISBN 978-7-5618-3557-9

Ⅰ.①数…　Ⅱ.①刘…　②孙　Ⅲ.①数控机床：铣床－高等学校：技术学校－教材　Ⅳ.TG547

中国版本图书馆 CIP 数据核字(2010)第 248156 号

出版发行　天津大学出版社
出 版 人　杨欢
地　　址　天津市卫津路 92 号天津大学内(邮编：300072)
电　　话　发行部：022-27403647　邮购部：022-27402742
网　　址　www.tjup.com
印　　刷　昌黎太阳红彩色印刷有限责任公司
经　　销　全国各地新华书店
开　　本　185mm×260mm
印　　张　10.50
字　　数　262 千
版　　次　2011 年 1 月第 1 版
印　　次　2011 年 1 月第 1 次
定　　价　26.00 元

前　言

为进一步发展职业教育，培养有理想、有道德、有纪律、有文化的新型职业技术人才，我们组织编写了本套“首批国家示范性高等职业院校特色实训教程”“国家高技能人才培训示范基地精品培训教程”，包括《数控车工技能实训》《数控铣工技能实训》《机械维修技能实训》《焊接技能实训》《车工技能实训》《铣工技能实训》《钳工技能实训》《磨工技能实训》系列教材。在教材的编写过程中，以就业为导向，以企业用人标准为依据，以突出人才的个性发展和创新能力的培养为主线，按照“项目导向，任务驱动，工学结合，学训交替”的人才培养模式，通过教学与生产结合、训练与劳动结合、劳动与创新结合，提高学生综合技能水平和岗位适应能力。

在专业知识的安排上，本教材以国家职业标准和专业教学大纲为依据，将台式钻床、钻头刃磨机、双功率节能型数控机床、快换刀架、万能镗头、模切纸盒成型机、数控刀杆等产品零件的加工及装配和典型零件的加工及装配，引入实训教学过程中，使新技术、新工艺、新方法得到了综合的体现，使教材富有形象化、动态化、立体化、多元化，更贴近学生的认知规律，力求达到学生乐学、能学、学好的目标 。

本教材的编写得到了各有关部门的大力支持和帮助，在此表示衷心的感谢。由于水平所限，缺点和错误在所难免，恳请读者提出批评和改进意见。主编信箱：wh-liuhai00@163.com。

编者

2010年9月

目　录

任务一　平面铣削

目标要求

1. 掌握数控铣床和加工中心的基本操作。
2. 掌握工件坐标系和刀具参数的建立方法。
3. 掌握程序的调试和运行方法。
4. 掌握平面的铣削加工方法。

一、任务

阅读图 1.1，熟悉一般零件的数控加工内容，建立正确的加工工艺设计思路，通过完成本零件六面体的平面加工，掌握 FAMUC 0i 系统和华中 HNC－21M 系统数控铣床、加工中心的基本操作方法，完成平面类零件的程序编辑、输入、校验及加工。

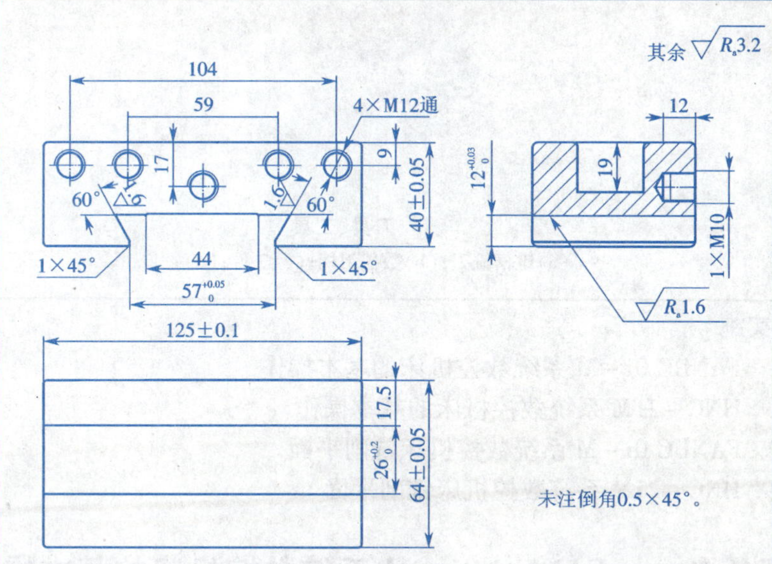

任务性质	工学结合件	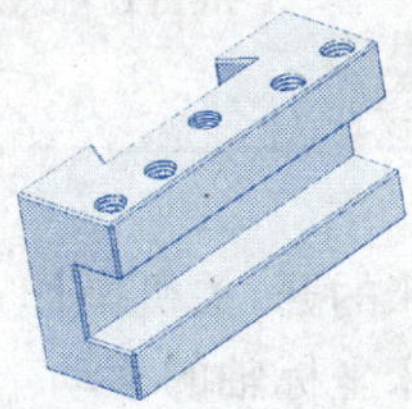
产品名称	快换刀架	
工件名称	刀架体 K4T2-01	
材　　料	45#	

图 1.1　K4T2－01 刀夹体

二、任务准备

序号	名称/型号					
1	设备	GSVM6540C 数控铣床/加工中心(FANUC 0i－M 数控系统) XD－40A 数控铣床(HNC－21M 数控系统)				
2	工件	126 mm×66 mm×42 mm				
3	夹具	QH－160 平口钳				
4	量具	0～150 mm 游标卡尺、25～50 mm 千分尺、0～5 mm 百分表				
5	其他	120 mm×30 mm×15 mm 等高垫铁 2 块、紫铜锤 1 个、磁力表座				
6	刀具	规格(mm)	材料	主轴转速(r/min)	进给速度(mm/min)	背吃刀量(mm)
		ϕ10 键槽铣刀	高速钢	500	120	0.5
7		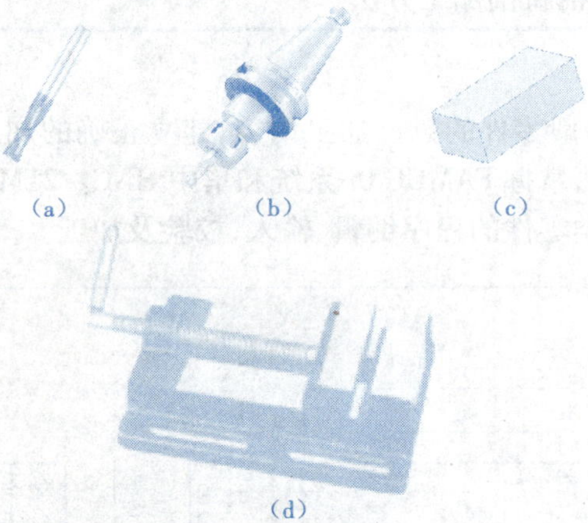 **刀具、工具** (a)键槽铣刀;(b)数控刀柄;(c)工件;(d)平口钳				

三、任务实施

子任务一　FANUC 0i－M 系统数控机床的基本操作

子任务二　HNC－21M 系统数控机床的基本操作

子任务三　FANUC 0i－M 系统数控机床铣削平面

子任务四　HNC－21M 系统数控机床铣削平面

子任务一　FANUC 0i－M 系统数控机床的基本操作

目标要求

1. 掌握机床的开、关机操作。
2. 掌握机床坐标轴的移动。
3. 掌握工件坐标系和刀具参数的建立方法。

一、任务

1. 完成开、关机操作。
2. 练习移动各坐标轴。
3. 完成工件坐标系和刀具参数的建立。

二、任务实施

FANUC 0i－M 数控铣床的 MDI 单元及控制面板如图 1.2 所示。

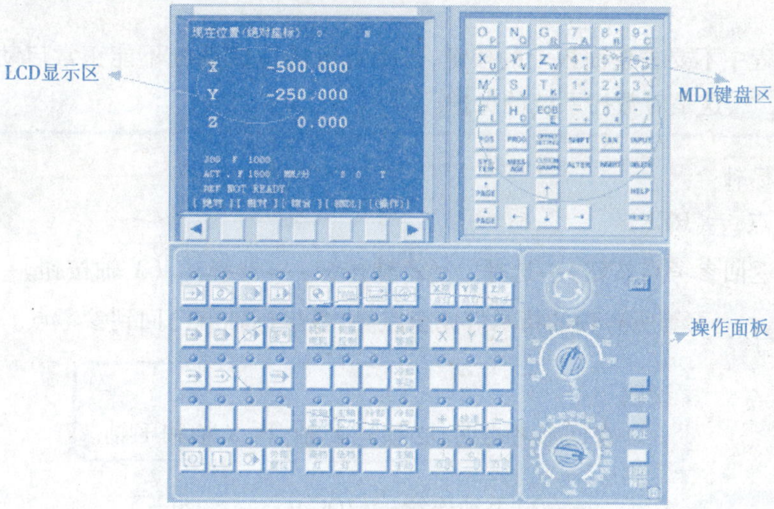

图 1.2　FANUC 0i－M 数控铣床标准面板

FANUC 0i－M 操作系统 LCD / MDI 单元如图 1.3 所示。

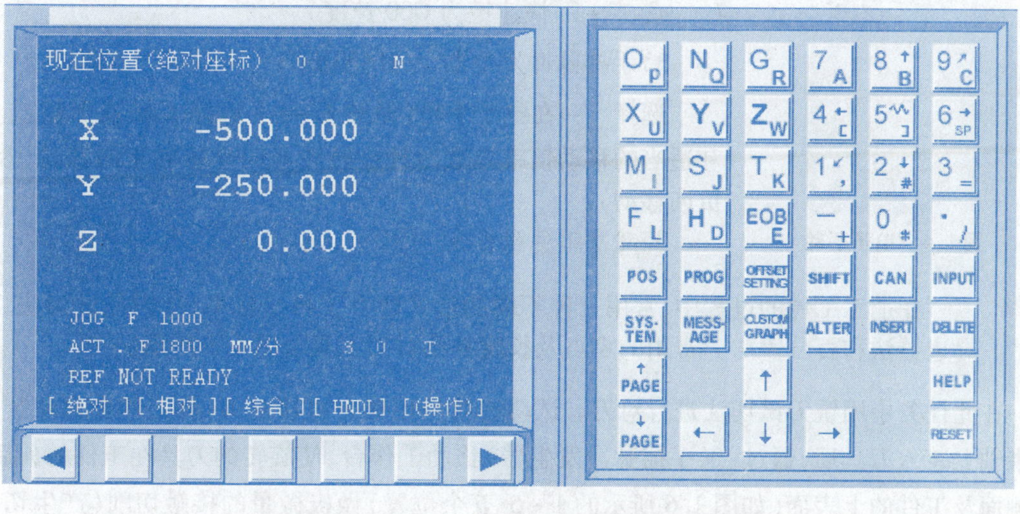

图 1.3　FANUC 0i－M 系统 LCD 显示和 MDI 键盘

1. 开/关机床操作(FANUC 0i－M 数控系统)

1)开机床

开机床配电箱的总电源→按下数控系统的启动按钮→等待数控系统启动→顺时针旋转释放急停按钮。

2)关机床

移动机床的坐标轴 X、Y 轴至机床机身的中间位置且 Z 轴离开限位开关－100.00 mm→按下急停按钮→按下停止按钮,关闭数控系统电源→按下按钮,关闭机床的总电源。

> 注意
>
> 启动过程中不要去按面板上的按键,否则有可能造成系统不能正常启动。关机床先按急停按钮,这是对数控系统的保护。

2. 移动坐标轴

1)回参考点(REF)

选择(返回参考点按钮)→选择(Z 轴按钮)→选择(X 轴按钮)→选择(Y 轴按钮)→选择,等所有轴的指示灯完全点亮,各坐标轴就已回到参考点。

> 说明
>
> 在回参考点时,必须先 Z 轴,再 X 轴和 Y 轴。

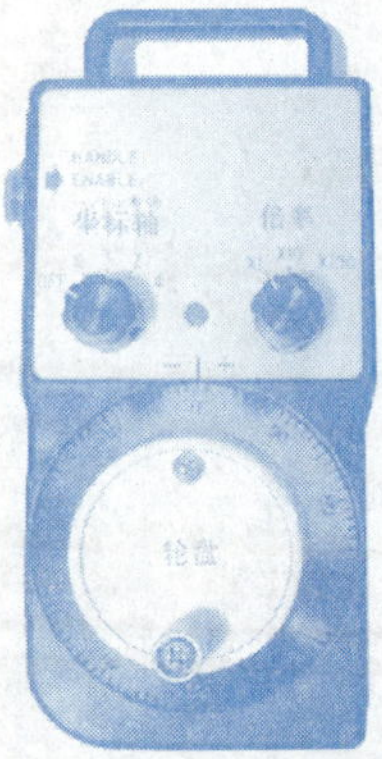

图 1.4　电子手轮

2)手动连续(JOG)

选择→选择或或→按下或方向键→相应的坐标轴以 G01 速度连续移动→调节倍率开关控制移动速度(或+快速键为 G00 速度)。

3)手摇脉冲发生器(HANDLE)

选择→在电子手轮(见图 1.4)上选择 X 轴或 Y 轴或 Z 轴和适当的移动倍率→顺时针旋转轮盘时坐标轴正向移动(反之,负向移动)。

3. 建立工件坐标系

> 在加工工件的过程中,常用三种不同的形式建立工件坐标系,分别是试切法、寻边器法和百分表法。常用的零点及长度补偿对刀工具如图 1.5 所示。

在此任务中用铣刀试切法进行对刀。试切法就是用铣刀直接对刀,将工件合理地装夹并在主轴上装入刀具后,通过(手摇脉冲发生器)移动工作台,使旋转的刀具在工件的前后、左右侧面及工件的上表面(如图 1.6 所示的 1～5 五个位置)做极微量的接触切削(产生切削摩擦声),分别记下刀具此时所处机床的机械坐标值或相对坐标值,对这些坐标值做一定的数值处理后就可以完成工件坐标系的设定。

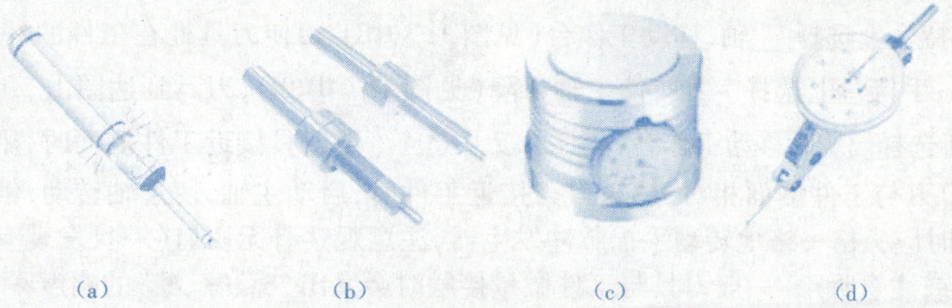

图 1.5　零点及长度补偿对刀工具

(a)光电式寻边器；(b)偏心式寻边器；(c)Z 轴设定器；(d)杠杆式百分表

对图 1.6 中 1 ~ 2 两位置的操作过程如下，图 1.7 所示是其对应的刀具移动路线。

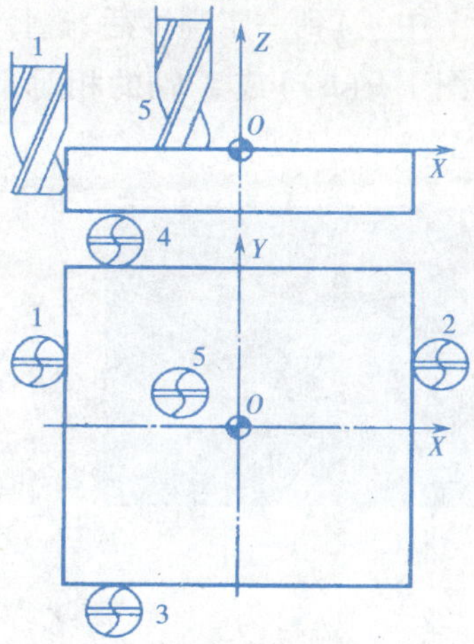

图 1.6　用铣刀直接对刀

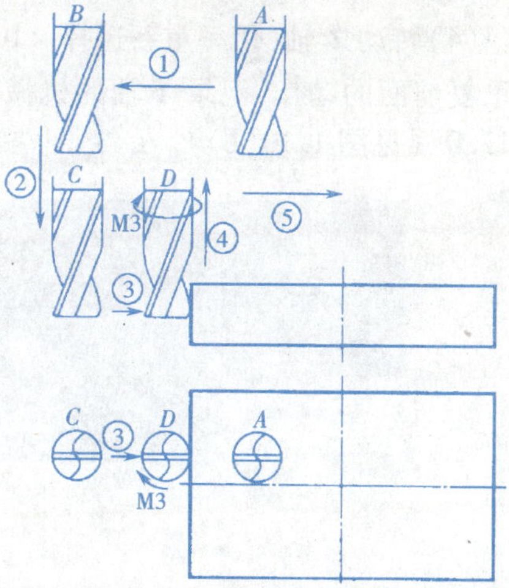

图 1.7　刀具的移动路线

首先合理地夹紧、校平工件，将已装好刀具的刀柄装到主轴上（见图 1.8）；在（MDI 手动数据输入）方式下，输入“M3 S1000；”，并按（循环启动）键执行，使主轴旋转。X 轴坐标设置的操作过程如下。

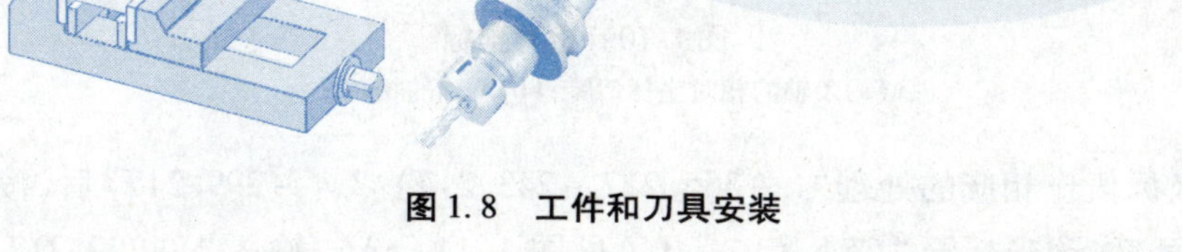

图 1.8　工件和刀具安装

（1）主轴停转，手持盒上选择 Z 轴（倍率可以选择 ×100），转动手摇脉冲发生器，使主轴上升到一定的位置（作水平面移动时不会与工件及夹具碰撞即可）；分别选择 X、Y 轴，移动工作台,使主轴处于工件上方适当的位置(见图 1.7 中 *A* 位置)。

(2)手持盒上选择 X 轴,移动工作台(见图 1.7 中①),使刀具处在工件的外侧(见图 1.7 中 *B* 位置);手持盒上选择 Z 轴,使主轴下降(见图 1.7 中②),刀具到达图 1.7 中 *C* 位置;手持盒上重新选择 X 轴,移动工作台(见图 1.7 中③)。当刀具接近工件侧面时,用手转动主轴使刀具的刀刃与工件侧面相对,感觉刀刃接近工件时,启动主轴,使主轴转动,倍率选择 ×10 或 ×1。此时应一格一格地转动手摇脉冲发生器,注意观察有无切屑(一旦发现有切屑应马上停止进给)或注意听声(一般刀具与工件微量接触时会发出"嚓、嚓、嚓"的响声,一旦听到声音应马上停止进给),此时到达图 1.7 中 *D* 位置。

(3)手持盒上选择 Z 轴(避免在后面的操作中不小心碰到手持盒上的轮盘而出现意外),按 POS 键进入"位置显示"的页面,记下此时 *X* 轴的机械坐标值" -355.217"(见图 1.9(a))或把 *X* 轴的相对坐标清零(见图 1.10(a))。

(4)转动 *Z* 轴(倍率重新选择 ×100),使主轴上升(见图 1.7 中④)到一定高度后,选择 X 轴重复前面的动作,记录 *X* 轴的机械坐标值" -243.217"(见图 1.9(b))或 *X* 轴的相对坐标"112.0"(见图 1.10(b))。

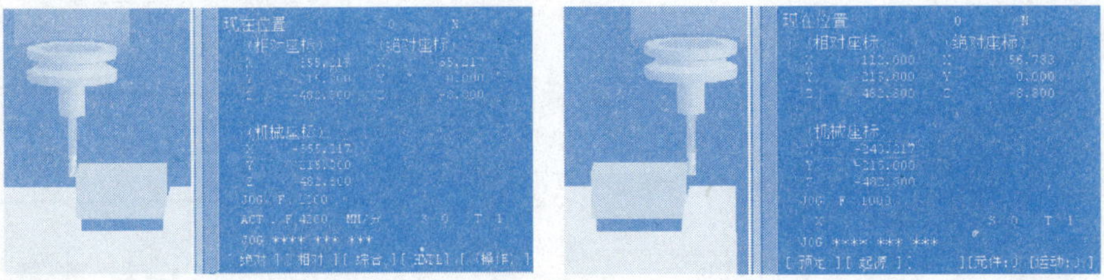

(a)　　　　　　　　　　(b)

图 1.9　机械坐标

(a)*X* 轴的机械坐标值 1;(b)*X* 轴的机械坐标值 2

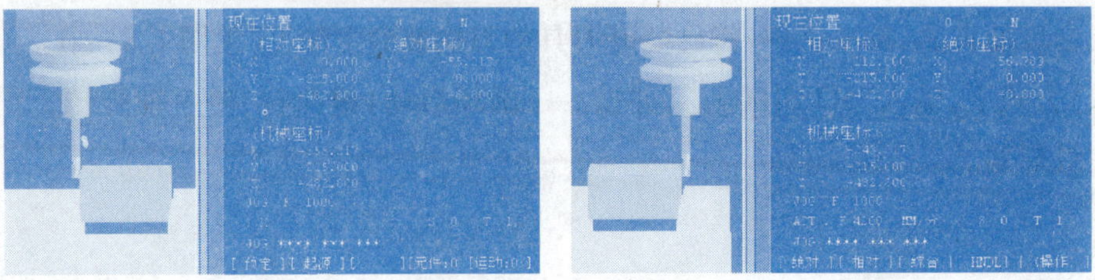

(a)　　　　　　　　　　(b)

图 1.10　相对坐标

(a)*X* 轴的相对坐标清零;(b)*X* 轴的相对坐标

(5)将坐标值作相应的处理"(-355.217 -243.217)/2 = -299.217"后,按 OFFSET SETTING 键进入坐标系设置画面,移动光标至"G54 X __"上(见图 1.11(a)),输入" -299.217"(见图 1.11(b)),按 INPUT 确认(见图 1.11(c))。

重复(1)~(5)的操作过程,完成 *Y* 轴坐标设置。

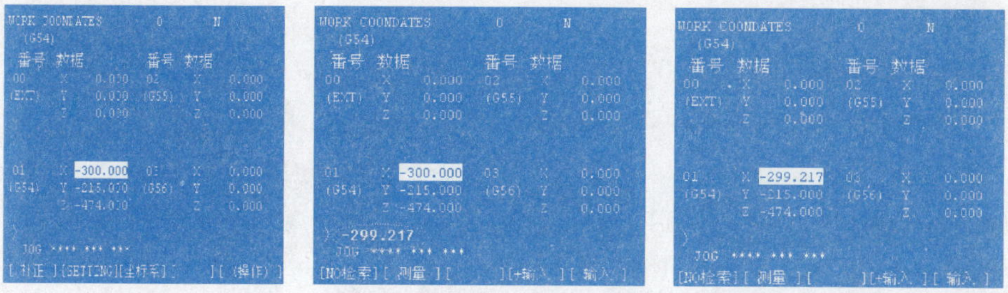

(a)　　(b)　　(c)

图 1.11　G54 坐标系建立

(a)确定光标位置;(b)输入数据;(c)确定结果

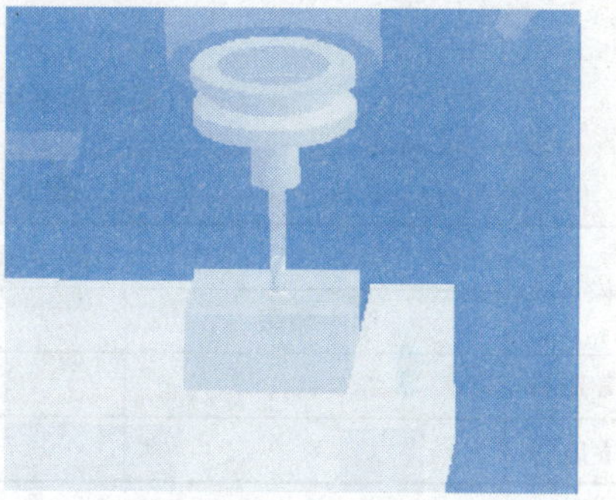

图 1.12　*Z* 轴对刀

Z 轴对刀时,刀具要位于切除部位的上方,使用手摇脉冲发生器移动主轴下降,待刀具比较接近工件表面时,启动主轴,减小进给倍率,当观察到工件表面切出一个圆圈时(见图 1.12,也可以在刀具正下方的工件上贴一片浸了油的薄纸片,纸片厚度可以用千分尺测量,当刀具把纸片转飞时)停止手摇脉冲发生器的进给,记下此时的 *Z* 轴机床(机械)坐标值(用薄纸片时,应在此坐标值的基础上减去一个纸片厚度),按 OFFSET SETTING 键进入坐标系设置画面,将坐标值输入至"G54 Z __"下面。

三、相关知识

由对刀过程所得到的 5 个机床(机械)坐标值(在实际应用时,有时可能只要 3 ~4 个),必须通过一定的数值处理,才能确定工件坐标系原点的机床(机械)坐标值,代表性的情况有以下几种。

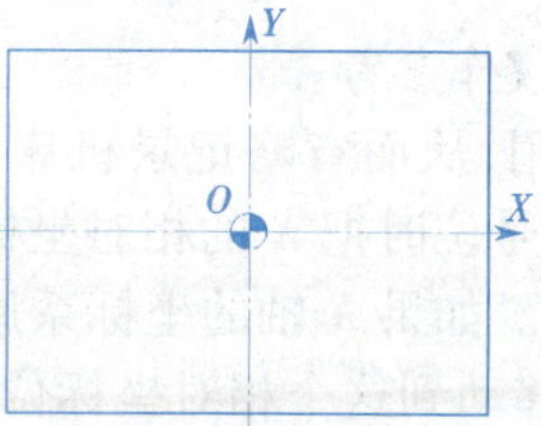

图 1.13　坐标系中心与毛坯中心重合

(1)工件坐标系的原点与工件坯料的对称中心重合(见图 1.13)。

在这种情况下,工件坐标系原点的机床(机械)坐标值按下式计算:

$$\begin{cases} X_{工机} = \dfrac{X_{机1} + X_{机2}}{2} \\ Y_{工机} = \dfrac{Y_{机3} + Y_{机4}}{2} \end{cases}$$

(2)工件坐标系的原点与工件坯料的对称中心不重合(见图 1.14(a))。

在这种情况下,工件坐标系原点的机床(机械)坐标值按下式计算:

$$\begin{cases} X_{工机} = \dfrac{X_{机1} + X_{机2}}{2} \pm a \\ Y_{工机} = \dfrac{Y_{机3} + Y_{机4}}{2} \pm b \end{cases}$$

式中正、负号的选取参见表 1.1。

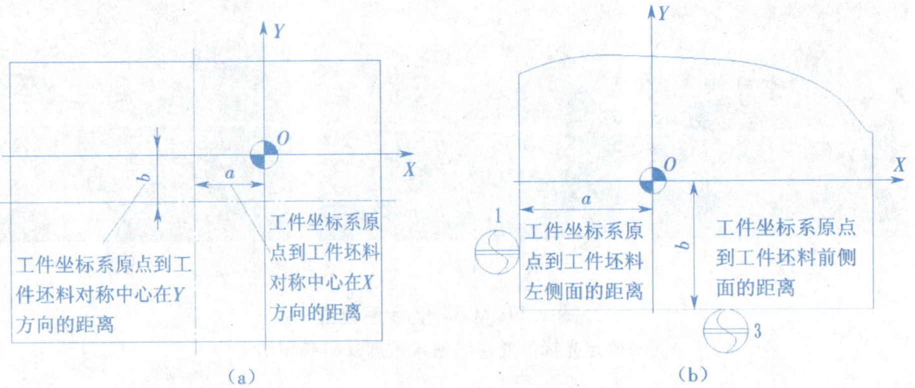

图 1.14　工件坐标的设定

(a)坐标系中心与毛坯中心不重合;(b)加工两个基准面

表 1.1　不同位置 a、b 正负号的选取

	工件坐标系原点在工件坯料对称中心所划区域中的象限			
	第一象限	第二象限	第三象限	第四象限
a 取号	+	−	−	+
b 取号	+	+	−	−

(3)工件坯料只有两个垂直侧面是加工过的,其他两侧面因要铣掉而不加工(见图 1.14(b))。

在这种情况下,工件坐标系原点的机床(机械)坐标值按下式计算:

$$\begin{cases} X_{\text{工机}} = X_{\text{机1}} + a + R_{\text{刀}} \\ Y_{\text{工机}} = Y_{\text{机3}} + b + R_{\text{刀}} \end{cases}$$

本组计算式只针对图 1.14(b)的情况,对其他侧面情况的计算仅作参考。

前面已介绍过相对坐标系清零的操作,在对刀时可以充分利用,从而省略记录机床(机械)坐标值及进行上面数值处理计算的麻烦。在图 1.10 中,可在 1 号位时把 X 的相对坐标清零,到达 2 号位时便可从相对坐标的显示页面上知道其相对坐标值。如果 X 轴的坐标系原点设在工件坯料的中心,只需把页面上 X 的相对坐标值除以 2,然后移动到这个相对坐标位置,进入图 1.15 所示页面,只需输入"X0.0",然后按下"测量"软键,系统会自动把当前的机床(机械)坐标值输入到 G54 等相应的设置位置。也可以在 2 号位不动,同样把相对坐标值除以 2,然后在图中输入"Y56.0"(假定计算出的值为 56.0,即刀具当前位置在 X 轴的正方向,距离原点 56.0 mm),按"测量"软键,系统会自动把偏离当前点 56.0 mm 的工件坐标系原点所处的机床(机械)坐标值输入到 G54 等相应的设置位置。如果 X 轴的工件坐标系原点不在工件坯料的中心,仍可以移动到上面确定的位置,在页面中输入坯料中心在工件坐标系中的坐标值(如 O 在图中的第一象限,a 为 20 mm,那么应输入"X20.0");或在 2 号位直接计算出工件坐标系 O 与现在位置之间的距离,如为 30.0 mm,则输入"X30.0",按"测量"软键后系统会自动计算出工件坐标系原点的机床(机械)坐标值并输入到 G54 等相应的设置位置。Y 轴的设置方法与上面相同。在进行相对坐标值的直接设置时,应注意是 X 轴还是 Y 轴、在原点的哪个方向，即输入时是“+”还是“-”。

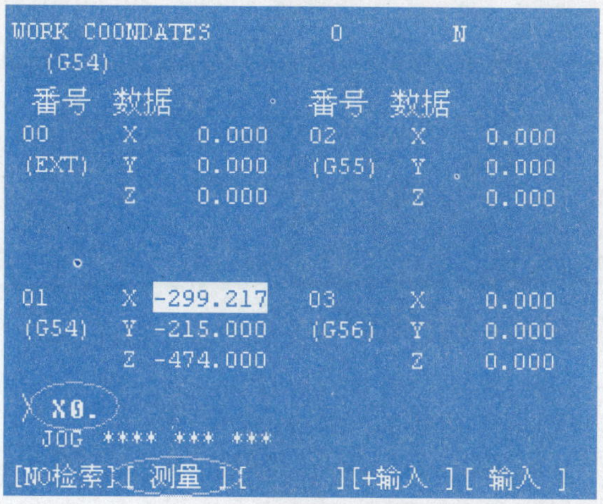

图 1.15　测量建立坐标系

子任务二　HNC-21M 系统数控机床的基本操作

目标要求

1. 掌握 HNC-21M 系统数控机床的开、关机操作。
2. 掌握 HNC-21M 系统数控机床坐标轴的移动。
3. 掌握 HNC-21M 系统工件坐标系和刀具参数的建立方法。

一、任务

1. 完成开、关机操作。
2. 练习移动各坐标轴。
3. 完成工件坐标系和刀具参数的建立。

二、任务实施

华中世纪星 HNC-21M 数控铣床控制面板 MCP 如图 1.16 所示。

1. 开机操作

(1)检查机床状态是否正常，电源电压是否符合要求，开启气源(0.6 MPa)。

(2)按下“紧急停止”按钮。

(3)合上机床电源开关。

(4)检查风扇电机运转情况，面板上的指示灯是否正常。

(5)接通数控装置电源后，HNC-21M 自动运行系统软件。进入系统后，软件操作界面当前工作方式显示“急停”。如果系统运行状态显示“出错”，说明系统有故障，则必须按下“故障诊断”、“报警显示”按钮，查看报警内容。根据提示解除故障，待系统运行状态显示“正常”后，

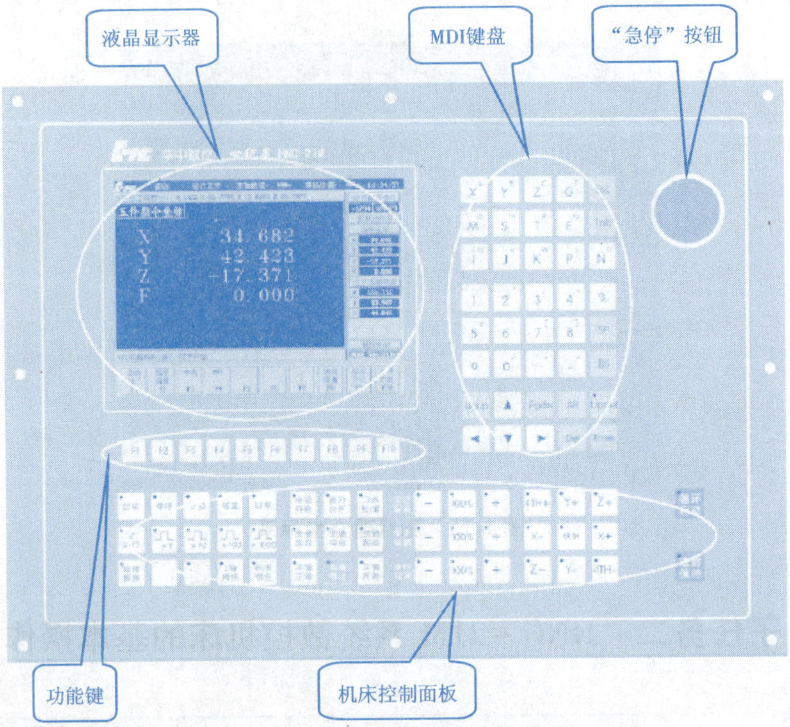

图 1.16　华中世纪星 HNC－21M 数控铣床控制面板

顺时针释放"紧急停止"按钮，系统复位并接通伺服电源，系统默认进入手动方式，软件操作界面的工作方式变为手动，开机完成。

2. 返回参考点操作

华中 HNC－21M 系统的返回参考点操作步骤与 FANUC 系统相同，方法如下。

(1) 选择机床控制面板"回零"键，系统显示当前工作方式是回零。

(2) 依次按下"＋Z"、"－X"、"－Y"按钮，待机床指示灯亮后，机床回参考点结束，机床坐标系建立。

3. HNC－21M 的程序结构

华中世纪星数控系统的程序由程序文件名、程序名、程序段内容、程序结束和注释等组成。

(1) 程序文件名一般由字母"O"开头，后跟 4 个(或多个)数字或字母组成，系统缺省认为程序文件名是由"O"开头的。

(2) 程序名以"%"开头，后面跟数字。

(3) 程序结束用"M02"或"M30"。

4. 软件操作界面

HNC－21M 的软件操作界面如图 1.17 所示，由以下几个部分组成。

1) 图形显示窗口

可以根据需要，用功能键 F9 设置窗口的显示内容。

2) 菜单命令条

可以通过菜单命令条中的功能键 F1～F10 来完成系统功能的操作。

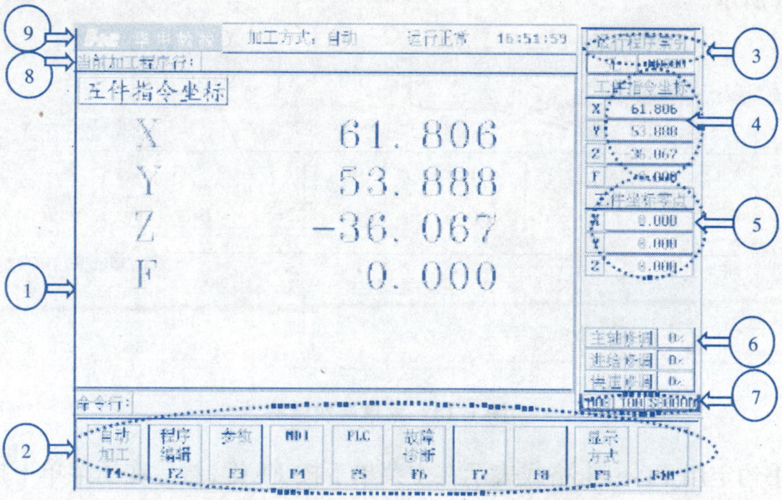

图 1.17 HNC - 21M 的软件操作界面

3)运行程序索引

显示当前运行的程序名和程序段行号。

4)选定坐标系下的坐标值

(1)坐标系可在机床坐标系/工件坐标系/相对坐标系之间切换。

(2)显示值可在指令位置/实际位置/剩余进给/跟踪误差/负载电流/补偿值之间切换。

5)工件坐标零点

显示工件坐标系零点在机床坐标系中的坐标值。

6)倍率修调

(1)主轴修调:当前主轴修调倍率。

(2)进给修调:当前进给修调倍率。

(3)快速修调:当前快速修调倍率。

7)辅助功能

自动加工中的 M、S、T 代码。

8)当前加工程序行

当前正在或将要加工的程序段。

9)当前加工方式、系统运行状态及当前时间

(1)工作方式:系统工作方式根据机床控制面板上相应按键的状态可在自动运行、单段运行、手动运行、增量运行、回零、急停、复位等之间切换。

(2)运行状态:系统工作状态在"运行正常"和"出错"之间切换。

(3)系统时钟:当前系统时间。

5. HNC - 21M 的功能菜单结构

操作界面中最下面的是菜单命令条。系统功能主要通过菜单命令条中的功能键 F1 ~ F10 来实现。由于每个功能包括不同的操作,菜单采用层次结构,即在主菜单中选择一个菜单项后,数控装置会显示该功能下的子菜单,用户根据该子菜单的内容选择所需的操作。菜单层次

结构如图 1.18 所示。

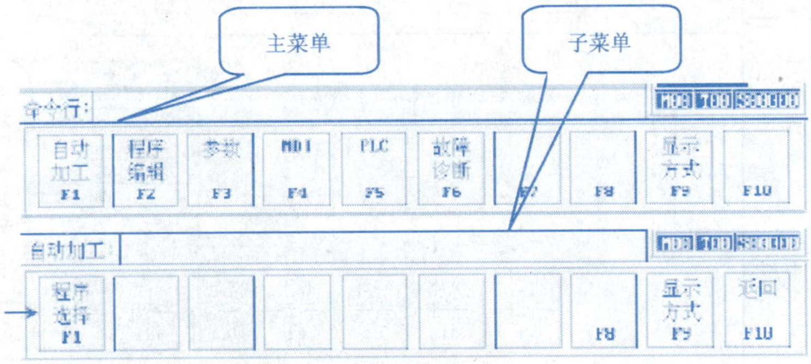

图 1.18　菜单层次结构

注意:本书约定用 F1→F4 格式表示在主菜单下按 F1 键,然后在子菜单下按 F4 键。当要返回主菜单时,按子菜单下的 F10 键即可。

6. HNC－21M 的菜单结构

HNC－21M 的功能菜单结构如图 1.19 所示。

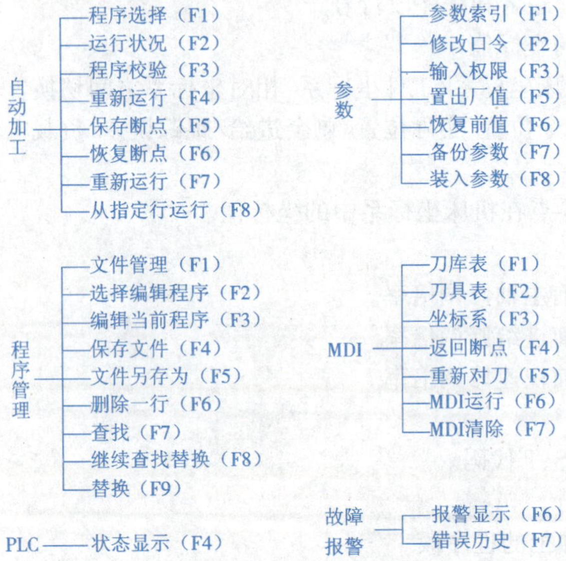

图 1.19　HNC－21M 的功能菜单结构

子任务三　FANUC 0i－M 系统数控机床铣削平面

目标要求

1. 掌握程序的输入、校验和运行方法。
2. 完成平面的铣削加工。

一、任务

按照图 1.20 的要求制订合理的加工工艺，正确选择刀具、夹具及切削用量，编辑、输入、校验加工程序，完成零件的加工和检验。

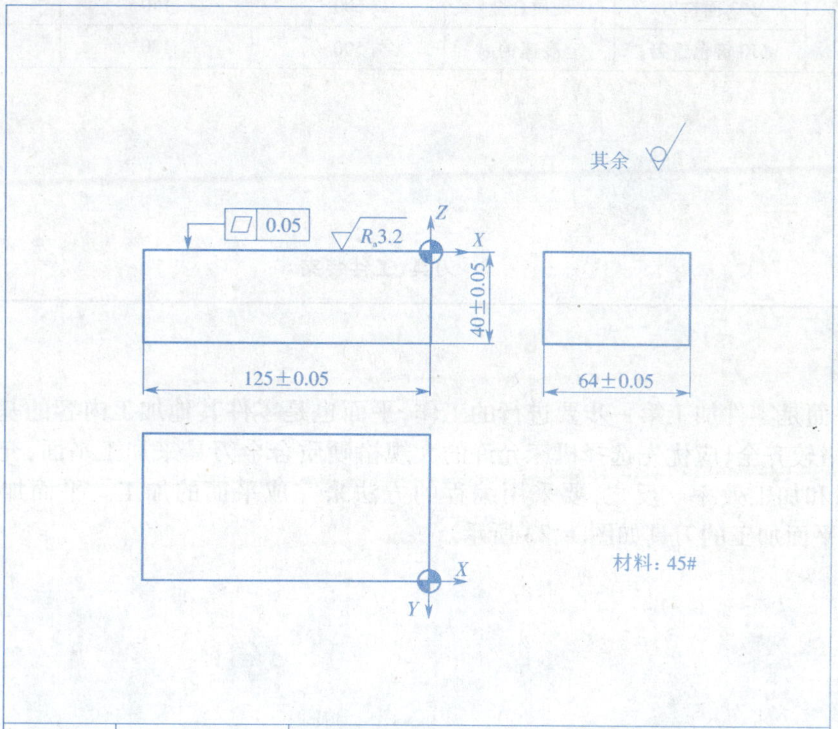

任务性质	工学结合件
产品名称	快换刀架
工件名称	刀架体 K4T2-01
材　　料	45#

图 1.20　六面体

二、任务准备

序号	工具名称/型号	
1	设备	GSVM6540C 数控铣床/加工中心（FANUC 0i－M 数控系统）
2	毛坯	126 mm×65 mm×40.5 mm
3	夹具	QH－160 平口钳
4	刀柄	40BT－XD27－60 可转位面铣刀刀柄 40BT－ER32－70 弹簧夹头刀柄
5	量具	0～150 mm 游标卡尺、25～50 mm 千分尺、0～5 mm 百分表
6	其他	120 mm×30 mm×15 mm 等高垫铁 2 块、紫铜锤 1 个、磁力表座

续表

序号	工具名称/型号					
7	刀具	规格（mm）	刀具材料	主轴转速（r/min）	进给速度（mm/min）	背吃刀量（mm）
		ϕ63 面铣刀	硬质合金	600	150	0.5
		ϕ10 键槽铣刀	高速钢	500	120	0.5
8	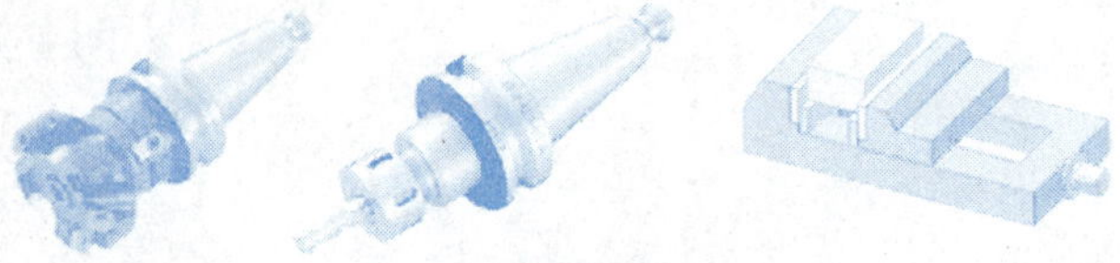 刀具、工件装夹					

三、任务实施

铣削平面是零件加工第一步要进行的工作，平面也是零件其他加工内容的基准。如果刀具种类、规格较齐全，应优先选择机床允许的大规格硬质合金刀具来加工平面，充分保证平面的加工质量和加工效率。反之，要采用编程的方法来完成平面的加工。平面加工示例如图1.21所示，平面加工的刀具如图1.22所示。

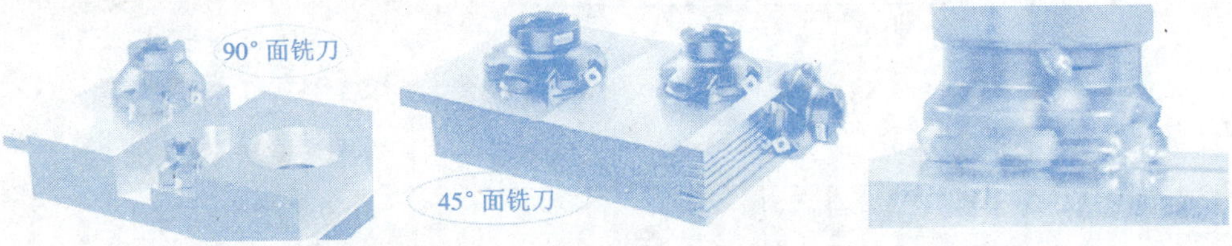

图 1.21　平面加工示例

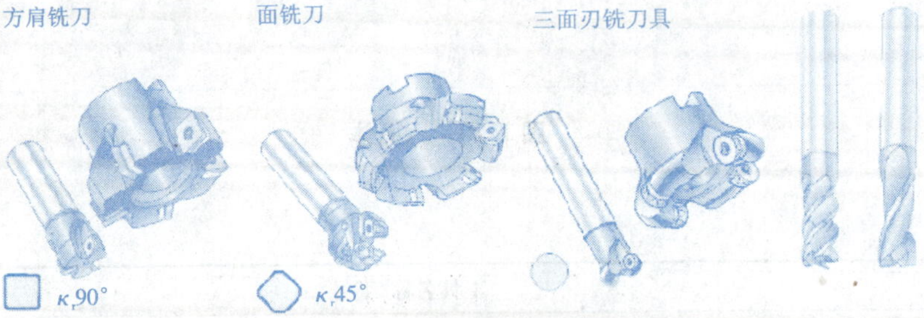

图 1.22　平面加工刀具

1. 手动加工

(1) 合理地装夹工件，安装面铣刀（ϕ63 mm）刀柄至主轴孔中。

(2) 选择（手轮方式）移动各坐标轴至适当位置（见图 1.23），主轴正转。

(3) 按图示顺序 $A \rightarrow B \rightarrow C \rightarrow D$ 手动完成平面加工。

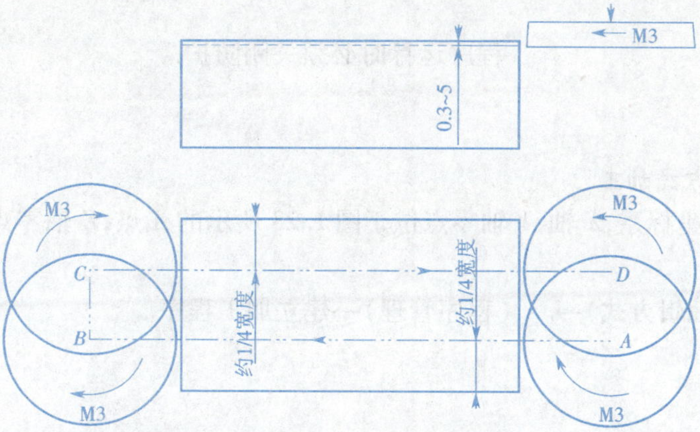

图 1.23　铣平面刀具移动轨迹

2. MDI 方式加工

(1)手动移动刀具定位至图 1.23 所示 *A* 点。

(2)选择(MDI 方式)输入加工程序段(见图 1.24),输入过程如下:

EOB→INSERT;

M3S600→EOB→INSERT;

G91G01X－194. F150→EOB→INSERT;

Y60. →EOB→INSERT;

X194. →EOB→INSERT。

(3)将光标移动至"O0000"处,按下循环启动键,自动加工。

(4)加工完毕,用手动方式升起 *Z* 轴并停止主轴。

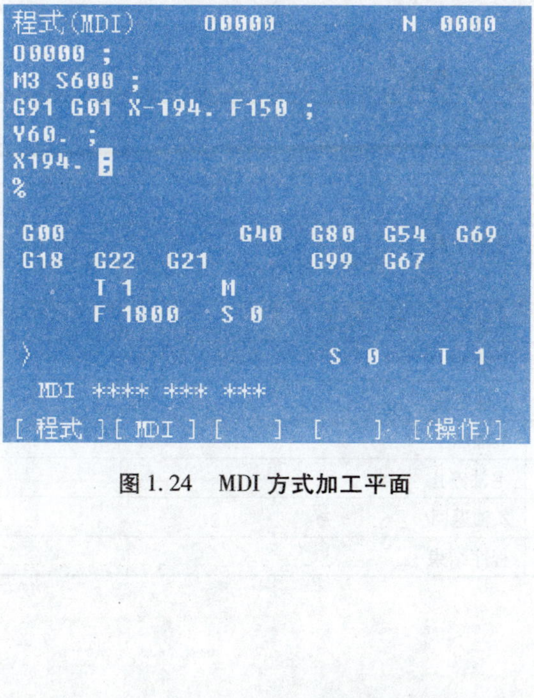

图 1.24　MDI 方式加工平面

说明

使（单段执行键）有效，这样每按下一次循环启动键，系统自动执行一段程序内容，起到校验程序的作用。

程序运行时必须关闭防护

3. MEM 自动方式加工

(1)建立工件坐标系，*X* 轴、*Y* 轴零点位于图 1.23 所示的 *A* 点，*Z* 轴零点在工件上表面，以刀具中心编程。

(2)选择（编辑方式）→PROG（程序管理）→建立加工程序。

O0009→INSERT；

EOB E→INSERT；

G17 G21 G40 G54→EOB E→INSERT；

G00 G90 Z50.→EOB E→INSERT；

……→EOB E→INSERT；

M30→EOB E→INSERT。

(3)用光标移动键或RESET（复位键）将光标移动到程序开始“O0009”处。

(4)选择INPUT（自动加工方式），按下（循环启动键）程序自动运行加工。

注意

FANUC 0i-M数控系统的程序号和分隔符不能同时输入，否则数控系统出现报警。数值后要输入小数点。

说明

程序段号不用输入，程序输入后系统自动保存。

MEM 自动方式平面加工的程序见表 1.2。

表 1.2 平面加工程序

O0009；	程序名
G17 G21 G40 G54；	功能准备
G00 G90 Z50.；	*Z* 轴定位
M03 S500；	主轴正转
X0 Y0；	*X*、*Y* 轴定位
G1 Z-0.5 F500；	*Z* 轴定位至加工深度
X-194. F150；	*X* 轴加工
G0 Y60.；	*Y* 轴定位
G1 X0；	*X* 轴加工
M5；	主轴停止
G0 Z50.；	*Z* 轴返回
M30；	程序结束

4. 子程序编程

平面加工子程序如图 1.25 所示，平面调用子程序加工程序见表 1.3。

图 1.25　平面加工子程序

表 1.3　平面加工调用子程序

O0001;	主程序
G17 G21 G40 G54;	功能准备
G00 G90 Z100.;	Z 轴定位
M03 S600;	主轴正转
X0 Y0 M7;	X、Y 轴定位，冷却液开
Z-0.5 F500;	Z 轴定位至加工深度
M98 P2 L4;	调用 2 号子程序 4 次
G90 G0 Z100. M9;	Z 轴返回，冷却液关
M5;	主轴停
M30;	程序结束
O0002;	子程序
G91 G1 X-137. F120;	X 轴加工
Y7.;	Y 轴定位
X137.;	X 轴加工
Y7.;	Y 轴定位
M99;	子程序结束

四、相关知识（FANUC 0i-M 数控系统）

1. 常用键的操作

1）CAN（取消键）

用 CAN 键取消当前错误的输入。例如，输入程序段“G90 G00 X0.0 S800 M03;”，当输入到“G90 G00 X0.0”，后面应输入“S800”，不小心错输入了“Y0”或其他字符，可用 CAN 键取消错误的输入，然后继续输入。

2）ALTER（替换键）

当发现程序段中有需要修改的指令时，可用 ALTER 键修改。例如，输入程序段“G01 G41 X0 Y0 D01 F100;”，所要求的刀具半径补偿地址是“D01”，但是错输入了“D02”，这时把光标移动到“D02”上，然后输入“D01”按下ALTER键即可。

3）DELETE（删除键）

用DELETE键可删除程序、程序段或已输入的指令。在EDIT（程序编辑模式）按下PROG键可显示程序画面。

（1）输入“O－9999”＋DELETE键，删除内存中所有的程序。

（2）输入“Oxxxx”＋DELETE键，输入程序号的程序被删除。

（3）输入“Oxxxx，Oyyyy”＋DELETE键，删除程序号从No. xxxx到No. yyyy之间的程序。

（4）将光标移动到所要删除的程序段上，输入EOB E＋DELETE可以把所选中的程序段删除。

（5）程序编辑或查看过程中，将光标移动到需要删除的地方，按下DELETE键即可。

4）MDI运行规定

在MDI方式中，通过MDI面板可以编制最多10行（10个程序段）的程序并被执行，程序格式和通常程序一样。MDI运行于简单的测试操作时，在输入一程序段并执行完毕后马上被清除，因此程序不会存储到内存中。

2. FANUC 0i－M系统常见的程序出错报警信息

对于输入的程序，如出现程序格式方面的错误，则在程序调试过程中，会在显示屏幕上出现程序出错的报警信息，通过这些信息，能方便地找出程序出错的原因。因此，了解这些出错信息对进行数控编程和程序正确输入很有帮助。常见的程序出错报警信息见表1.4。

表1.4　常见的程序出错报警信息

屏幕信息		报警内容分析
英文	中文	
PLEASE TURN OFF POWER	请关电源	参数输入后必须关闭电源
TOO MANY DIGITS	数字位太多	输入了超过允许位数的数据（参见最大指令值一项）
ADDRESS NOT FOUND	地址没找到	在程序段的开始无地址，而输入了数字或符号“－”
NO DATA AFTER ADDRESS	地址后面无数据	地址后面无适当数据，而是另一地址或EOB代码
ILLEGAL USE OF NEGATIVE SIGN	非法使用负号	符号“－”输入错误（在不能使用负号的地址后输入了“－”符号或输入了两个或多个“－”符号）
ILLEGAL USE OF DECIMAL POINT	非法使用小数点	小数点“.”输入错误（在不允许使用的地址中输入了“.”符号或输入了两个或多个“.”符号）
ILLEGAL ADDRESS INPUT	输入非法地址	在有效信息区输入了不能使用的字符
IMPROPER G－CODE	不正确的G代码	使用了不能使用的G代码或指令无此功能的G代码
NO FEEDRATE COMMAND	无进给速度指令	在切削进给中未指令进给速度或进给速度不当

续表

屏幕信息		报警内容分析
英文	中文	
OVER TOLERANCE OF RADIUS	超出半位公差	在圆弧插补(G02 或 G03)中,起始点与圆弧中心的距离不同于终点与圆弧中心的距离,允许它超过参数 3410 中指定的值
ILLEGAL PLANE AXES COMMANDED	指令了非法平面轴	在圆弧插补中,指令了不在所选平面内(用 G17、G18、G19)的轴
NO CIRCLE RADIUS	没有圆弧半径	在圆弧插补中,不管是 R(指定圆弧半径),还是 I、J 和 K(指定从起始点到中心的距离)都没有被指令
ILLEGAL RADIUS COMMAND	非法半径指令	由半径指令的圆弧插补中,地址 R 指定了负值 CAN
NOT COMMAND F0 IN G02/G03 (M series)	在 G02/G03 中不能指令 F0	在圆弧插补中,指令了 F1 位数 F0
RADIUS IS OUT OF RANGE(T series)	半径超过范围	圆弧插补期间,由 I、J、K 指令的圆弧中心导致半径超过了 9 位数
NO DECIMAL POINT	没有小数点	对于必须定义小数点的指令没有指令小数点
ADDRESS DUPLICATION ERROR	地址重复错误	在一个程序段中两次或多次指令了同一地址,或者在一个程序段中指令了两个或多个同一组的 G 代码

子任务四　HNC－21M 系统数控机床铣削平面

目标要求

1. 掌握 HNC－21M 数控系统程序的输入、校验和运行方法。
2. 掌握平面质量的检验方法。

一、任务

使用华中 HNC－21M 数控系统的编程格式,编写图 1.25 所示平面的加工程序(表 1.5)。

表 1.5　平面加工调用子程序

OPINMIAN	文件名
%1	主程序名
G17 G21 G40 G54	功能准备
G00 G90 Z100	Z 轴定位
M03 S600	主轴正转
X0 Y0 M7	X、Y 轴定位,冷却液开
Z－0.5 F500	Z 轴定位至加工深度

续表

OPINMIAN	文件名
M98 P2 L4	调用 2 号子程序 4 次
G90 G0 Z100 M9	*Z* 轴返回,冷却液关
M5	主轴停
M30	程序结束
%2	2 号子程序
G91 G1 X－137 F120	*X* 轴加工
Y7	*Y* 轴定位
X137	*X* 轴加工
Y7	*Y* 轴定位
M99	子程序结束

二、平面的测量方法

(1)平面度误差可以用刀口尺检测,测量方法如图 1.26 所示。检测时,刀口应紧贴在工件被测表面上,观察刀口与被测平面之间透光缝隙的大小,并沿加工面的纵向、横向和对角线方向逐一检测,以透光的均匀强弱来判断加工面是否平直。平面度误差的大小可用塞尺来检查确定。

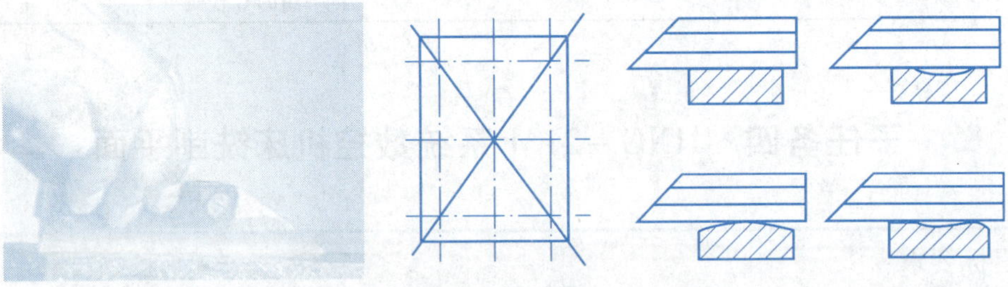

图 1.26 用刀口尺检测平面度

(2)用 90°角尺检测长方体零件相邻表面的垂直度,检测方法如图 1.27 所示。先将 90°角尺的尺座靠在工件上作为加工基准的表面,再将尺苗靠在被测平面上,移动 90°角尺,在不同位置重复上述测量,利用透光法来检测被加工表面与基准面之间的垂直度误差,如图 1.27(a)所示。也可将被测零件的基准面放置在标准平板上,用平板模拟基准,将精密 90°角尺的尺座置于平板上,尺苗靠在被测侧面上,用塞尺测量 90°角尺尺苗与被测工件表面之间的最大间隙,移动 90°角尺,在不同位置重复上述测量,测得的最大值即为被测平面与基准面间的垂直度误差。只要 0.05 mm 厚的塞尺无法塞入间隙,该长方体零件相邻表面间的垂直度就合格,如图 1.27(b)所示。

(3)用百分表和检测平板检测相对平面间的平行度误差,测量方法如图 1.28 所示。将被测零件的基准平面朝下放置在平板上,用平板作模拟基准,然后在整个被测表面上多方向地移动工件进行测量。百分表表针每偏转一格为 0.01 mm ,百分表的最大与最小读数之差即为该零件被测平面和基准平面之间的平行度误差。当百分表的测量读数差值小于 0.05 mm 时,两相对平面间的平行度误差符合公差要求。

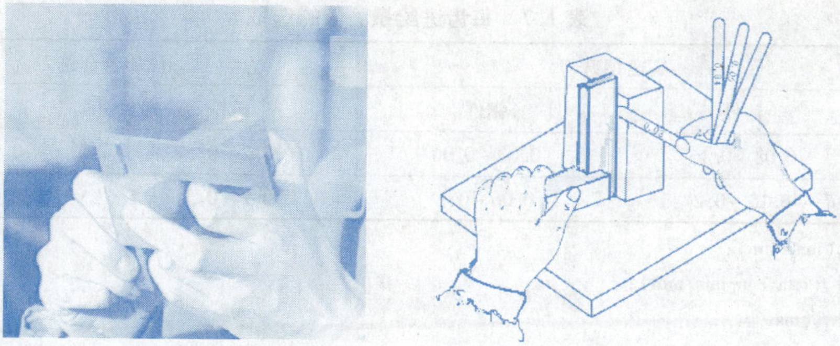

(a)　　(b)

图 1.27　相邻面垂直度的检测

(a)检测方法 1;(b)检测方法 2

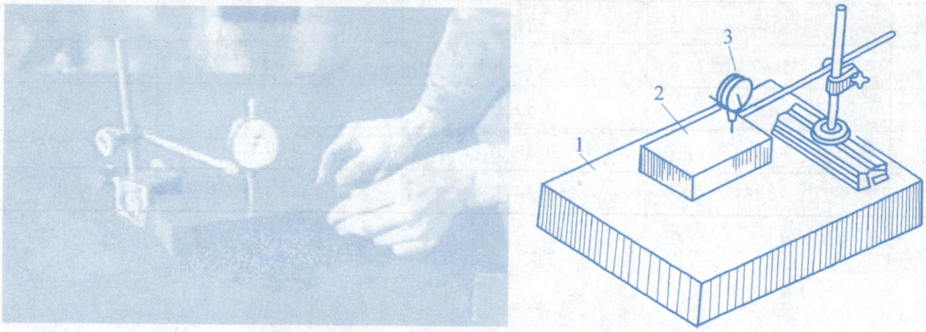

图 1.28　相对平面间平行度误差的检测方法

1—平板;2—被测件;3—百分表

三、相关知识

铣削参数的选择参见表 1.6、表 1.7 和表 1.8。

表 1.6　铣削速度 v_c 值的选取

工件材料	铣削速度 v_c(mm/min)	
	高速钢铣刀	硬质合金铣刀
20 钢	25 ~ 45	150 ~ 250
45 钢	25 ~ 35	80 ~ 220
40Cr	15 ~ 25	60 ~ 90
HT150	14 ~ 22	70 ~ 100
黄铜	30 ~ 60	120 ~ 200
铝合金	112 ~ 300	400 ~ 600
不锈钢	16 ~ 25	50 ~ 100

注:①粗铣时取小值,精铣时取大值;

②工件材料强度和硬度较高时取小值,反之取大值;

③刀具材料耐热性较好时取大值,反之取小值;

④$n = \dfrac{1\ 000\ v_c}{\pi D}$。

表 1.7　每齿进给量f_z值的选取　　mm/齿

刀具名称	高速钢铣刀		硬质合金铣刀	
工件材料	铸铁	钢件	铸铁	钢件
立铣刀	0.08～0.15	0.03～0.06	0.2～0.5	0.08～0.2
面铣刀	0.15～0.2	0.06～0.1	0.2～0.5	0.08～0.2

注：①进给速度 v_f(mm/min)；

②每转进给量 f(mm/r 或 mm/min)；

③每齿进给量 f_z(mm/齿)；

④$v_f = f \cdot n = f_z \cdot z \cdot n$(mm/min)。

表 1.8　铣削背吃刀量 a_p 的选取　　mm

刀具名称	高速钢铣刀		硬质合金铣刀	
加工阶段	粗铣	精铣	粗铣	精铣
铸铁	5～7	0.3～1	10～18	0.5～2
软钢	<5	0.3～1	<12	0.5～2
中硬钢	<4	0.3～1	<7	0.5～2
硬钢	<3	0.3～1	<4	0.5～2

任务二　　轮廓加工

目标要求

1. 掌握平面轮廓加工工艺的处理方法。
2. 掌握刀具补偿指令的使用方法。
3. 掌握编程基点及程序优化的方法。
4. 掌握刀具、夹具的选择方法。
5. 掌握轮廓精度的检测方法。

任务实施

子任务一　用 HNC－21M 系统加工支架
子任务二　用 FANUC 0i－M 系统加工螺母
子任务三　用 FANUC 0i－M 系统加工偏心轴

子任务一　用 HNC－21M 系统加工支架

目标要求

1. 正确制订轮廓加工工艺。
2. 合理使用刀具半径补偿指令 G41、G42、G40。
3. 掌握程序的校验方法。
4. 掌握轮廓精度的检测方法。

一、任务

1. 阅读图纸，制订加工工艺。
2. 掌握华中 HNC－21M 系统的程序格式。
3. 掌握基点的确定方法。

支架主要用于模切机轴的固定与支承，通过本任务（见图 2.1）的训练提高零件加工工艺的制订能力，掌握华中 HNC－21M 系统的编程方法。

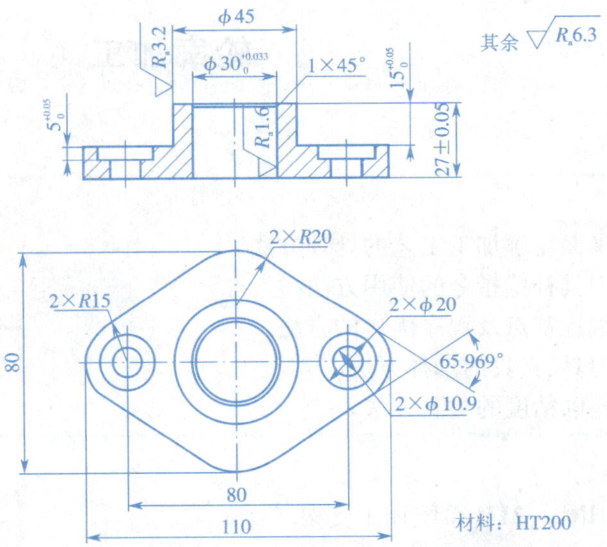

任务性质	工学结合件
产品名称	模切机
工件名称	支架
材　　料	HT200

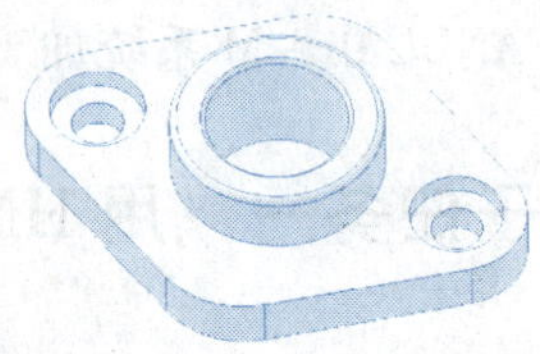

图 2.1　支架

二、任务准备

<table>
<tr><th>序号</th><th colspan="6">名称/型号</th></tr>
<tr><td>1</td><td>设备</td><td colspan="5">XD－40A 数控铣床（HNC－21M 数控系统）</td></tr>
<tr><td>2</td><td>毛坯</td><td colspan="5">112 mm×82 mm×35 mm</td></tr>
<tr><td>3</td><td>夹具</td><td colspan="5">QH－160 平口钳</td></tr>
<tr><td>4</td><td>刀柄</td><td colspan="5">40BT－ER32－70 弹簧夹头刀柄</td></tr>
<tr><td>5</td><td>量具</td><td colspan="5">0～150 mm 游标卡尺、25～50 mm 千分尺、0～5 mm 百分表</td></tr>
<tr><td>6</td><td>其他</td><td colspan="5">等高垫铁 2 块、紫铜锤 1 个、磁力表座</td></tr>
<tr><td rowspan="2">7</td><td rowspan="2">刀具</td><td>规格(mm)</td><td>刀具材料</td><td>主轴转速(r/min)</td><td>进给速度(mm/min)</td><td>背吃刀量(mm)</td></tr>
<tr><td>ϕ12 立铣刀</td><td>高速钢</td><td>600</td><td>120</td><td>(70%～80%)D
(D 表示刀具直径)</td></tr>
</table>

续表

序号	名称/型号
8	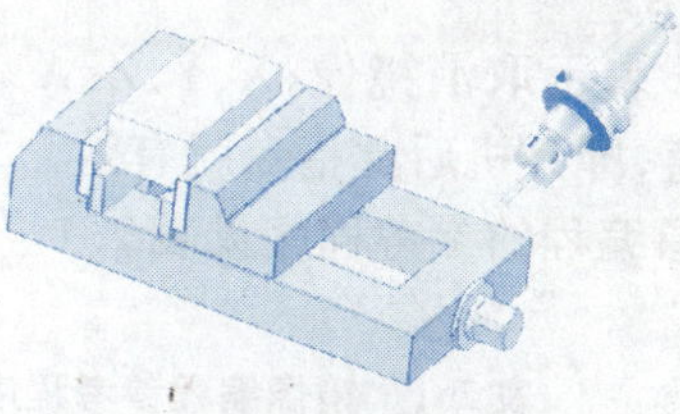 **工件与刀具装夹**

三、任务实施

1. 加工准备

(1)认真阅读图纸,确定加工内容、加工精度,制订合理的工艺路线,计算编程基点。

(2)检查毛坯形状和加工余量,若毛坯有缺陷,应将不合格的毛坯剔出。

2. 工艺处理

本次任务是加工菱形轮廓和 ϕ45 mm 柱形轮廓,如图 2.2 所示。

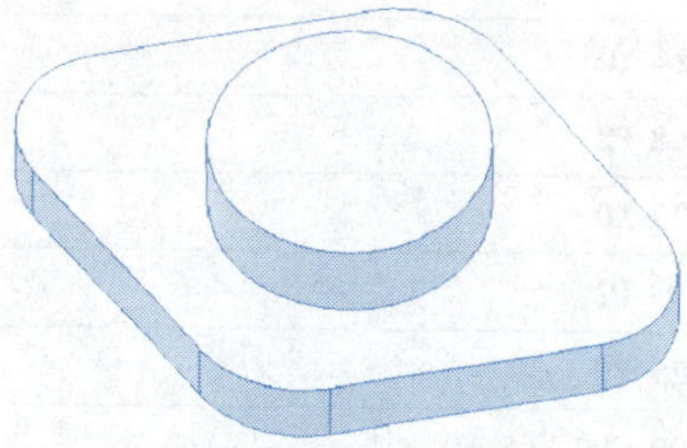

图 2.2 加工任务

(1)菱形轮廓加工的编程基点用 CAD 软件确定(见图 2.3),粗加工去除余量按 3 ~ 8 点路径用刀具中心编程,4 次调用子程序分层铣削,每层背吃刀量为 7 mm,行距取刀具直径的 70% ~80%,单边留加工余量 1 mm。

(2)ϕ45 mm 柱形轮廓用刀具中心编程由外向内加工去除余量,2 次调用子程序分层铣削。

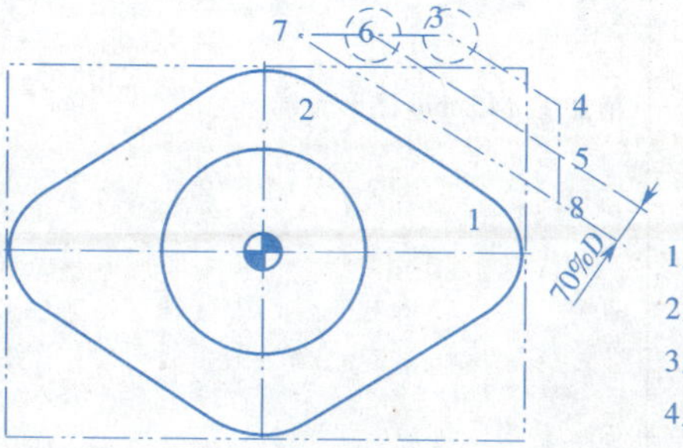

1点(48.166,12.582) 5点(63.000,22.029)
2点(10.888,36.776) 6点(22.985,48.000)
3点(6.453,48.000) 7点(39.516,48.000)
4点(63.000,32.759) 8点(63.000,11.300)

图 2.3 菱形轮廓加工编程基点值

3. 华中 HNC - 21M 系统镜像编程格式

当工件相对于某一轴具有对称形状时,可以利用镜像功能和子程序,只对工件的一部分进行编程,就能加工出工件的对称部分。当某一轴的镜像有效时,该轴执行与编程方向相反的运动。

镜像编辑格式:

G24 X __ Y __ Z __ A __

M98 P __

G25 X __ Y __ Z __ A __

其中,G24 表示建立镜像;G25 表示取消镜像;X、Y、Z、A 表示镜像位置。G24、G25 为模态指令,可相互注销,G25 为缺省值,即开机后此指令就有效。

HNC－21M 数控系统镜像编程的参考程序见表 2.1。

表 2.1　镜像编程参考程序

OJINGXIANG	文件名
%1	主程序名
G17 G21 G40 G54	功能准备
G00 G90 Z50	*Z* 轴定位
M03 S600	主轴正转
M98 P2	调用 2 号子程序
G24 X0	*X* 轴镜像,调用 2 号子程序
M98 P2	
G24 Y0	*X*、*Y* 轴镜像,调用 2 号子程序
M98 P2	
G25 X0	取消 *X* 轴镜像,沿 *Y* 轴镜像,调用 2 号子程序
M98 P2	
G25 Y0	取消所有轴镜像
G00 G90 X65 Y0	刀具定位
Z0	*Z* 轴定位
M98 P4 L2	调用 4 号子程序 2 次
G01 Y10	精加工 ϕ45 mm 柱形轮廓
G90 G01 G41 X22.5 D01 F120	
G03 I－22.5	
G01 Y－40	
Z－27	精加工菱形轮廓
X0	
G02 X－10.888 Y－36.776 R20	
G01 X－48.166 Y－12.582	
G02 Y12.582 R15	
G01 X－10.888 Y36.776	
G02 X10.888 R20	
G01 X48.166 Y12.582	
G02 Y－12.582 R15	

续表

G01 X10. 888 Y－36. 776	精加工菱形轮廓
G02 X0. Y－40 R20	
G01 X－20	
G00 Z50	
G40 M05	取消刀具半径补偿，主轴停止
M30	程序结束
%2	2 号子程序
G00 G90 X6. 453 Y48	刀具定位
Z0	
M98 P3 L4	调用 3 号子程序 4 次
G00 G90 Z2	*Z* 轴返回
M99	子程序结束
%3	3 号子程序
G91 G01 Z－7 F500	*Z* 轴定位
G90 X63 Y32. 759 F120	粗加工菱形轮廓
Y22. 029	
X22. 985 Y48	
X39. 516	
X63 Y11. 3	
G00 Y48	
X6. 453	
M99	子程序结束
%4	4 号子程序
G91 G01 Z－7. 5 F120	*Z* 轴定位
G90 X53	粗加工 ϕ45 mm 柱形轮廓
G02 I－53	
G01 X44	
G02 I－44	
G01 X35	
G02 I－35	
G01 X29	
G02 I－29	
G01 X65	
M99	子程序结束

四、任务分配

加工时间:300 分钟。
加工数量:1 件。

五、任务检测与评价

项目与配分		序号	技术要求	配分	评分标准	检测记录	得分
工件加工评分(80 分)	轮廓(65 分)	1	$27^{+0.05}_{-0.05}$ mm	10	超差 0.01 mm 扣 1 分		
		2	$15^{+0.05}_{0}$ mm	10	超差 0.01 mm 扣 1 分		
		3	110 mm	8	超差 0.01 mm 扣 1 分		
		4	80 mm	8	超差 0.01 mm 扣 1 分		
		5	2 × R20 mm	8	每错一处扣 1 分		
		6	2 × R15 mm	8	每错一处扣 1 分		
		7	65.969°	5	每错一处扣 1 分		
		8	圆弧光滑过渡	5	每错一处扣 1 分		
		9	R_a3.2 μm	3	每错一处扣 1 分		
	其他(15 分)	10	工件按时完成	6	未按时完成全扣		
		11	工件无缺陷	6	每一处缺陷扣 1 分		
		12	R_a6.3 μm	3	每错一处扣 1 分		
程序与工艺(10 分)		13	程序正确合理	10	每错一处扣 1 分		
		14	加工工序卡		不合理每处扣 1 分		
机床操作(10 分)		15	机床操作规范	5	出错一次扣 2 分		
		16	工件、刀具装夹	5	出错一次扣 2 分		
安全文明生产(倒扣分)		17	安全操作	倒扣	发生安全事故停止操作或酌扣 5 ~ 30 分		
		18	机床整理	倒扣			

六、知识能力点的扩展

1. 编程基点的确定

1)手工计算

对于直线与圆弧连接和圆弧与圆弧连接的轮廓基点,用三角函数和勾股定理结合几何作图即可求出。如图 2.4(a)所示,根据已知条件中心距 L 和两个圆弧半径 R、r,用正弦函数求出 α 角,然后求基点值。

$$\sin\alpha = \frac{R - r}{L}$$

如图 2.4(b)所示,根据已知条件中心距 L 和圆弧半径 R、R_1、r,用余弦定理求出 α 角和 β 角,然后用正弦定理求基点值。

$$\cos\alpha = \frac{(R_1 + r)^2 + L^2 - (R_1 + R)^2}{2(R_1 + r)L}$$

$$\cos\beta=\frac{(R_1+R)^2+L^2-(R_1+r)^2}{2(R_1+R)L}$$

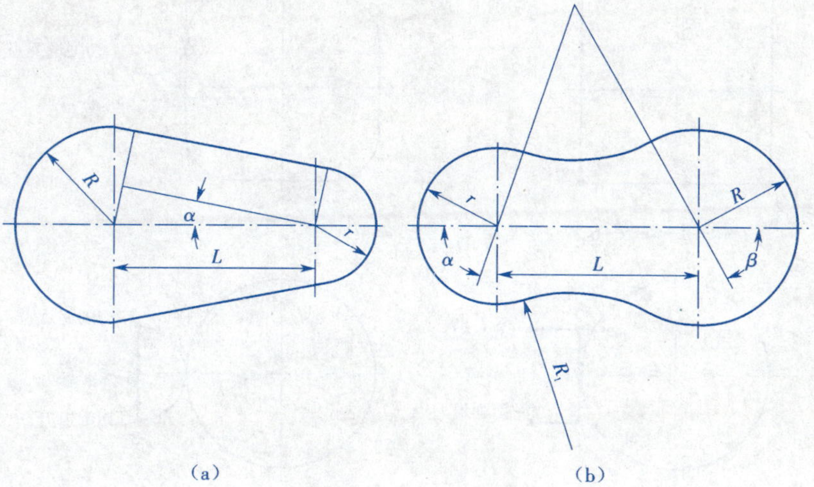

图 2.4　基点值

(a)正弦函数求角;(b)余弦定理求角

2)CAD/CAM 软件查点

根据图纸尺寸在 CAD/CAM 软件下画图,用软件里面的点查询工具得到基点值。这种方法还可以得到粗加工所需的基点值,如本任务。

2. 精加工进刀路径

精加工需要保证表面加工质量,要沿加工轮廓的切线方向切入和切出,避免沿法线方向切入和切出造成轮廓过切。图 2.5 所示为几种切入/切出方式。

> 注意
>
> 切入/切出的圆弧半径要大于刀具半径。

3. 子程序的应用

主程序是一个完整的零件加工程序,它和被加工零件的加工要求一一对应。在编制加工程序时,会遇到一程序在另一个程序中多次出现,或者在几个程序中都要使用它,这部分加工程序可以做成固定程序,并单独加以命名,则该程序被称为子程序。子程序一般不作为单独的加工程序使用,只通过调用来实现加工中的局部动作。子程序结束后,能自动返回到调用的主程序中。在 HNC-21M 系统中,子程序可以嵌套 8 级。

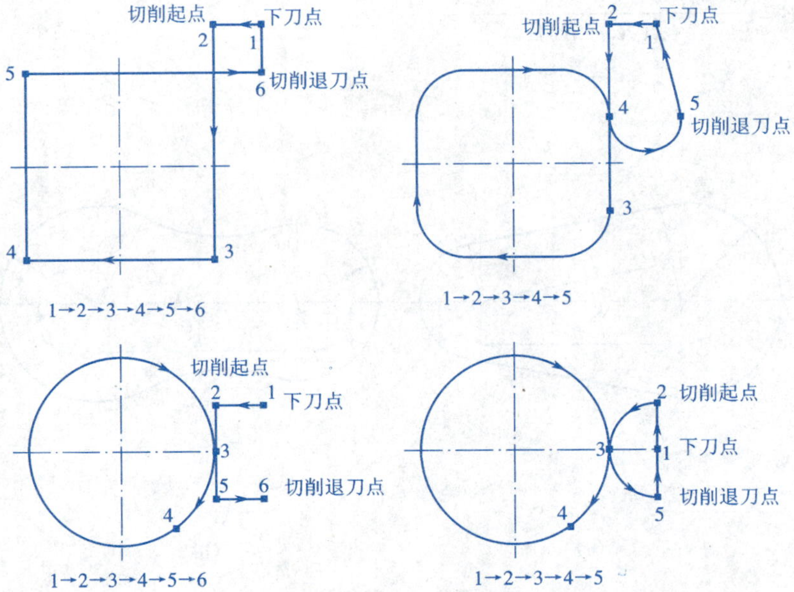

图 2.5　切入/切出轨迹

子任务二　用 FANUC 0i－M 系统加工螺母

目标要求

1. 掌握正多边形类零件的一般编程方法。
2. 掌握正多边形类零件的简化编程方法。
3. 掌握极坐标指令的使用。

一、任务

1. 阅读图纸，制订加工工艺。
2. 掌握 FANUC 0i－M 数控系统极坐标指令的应用。
3. 掌握圆柱工件的装夹方法。

螺母用于快换刀架的安装固定，通过完成螺母（见图 2.6）的加工，熟悉圆柱零件的装夹、工件坐标系的建立方法，掌握极坐标指令的适用场合，提高编程的能力。

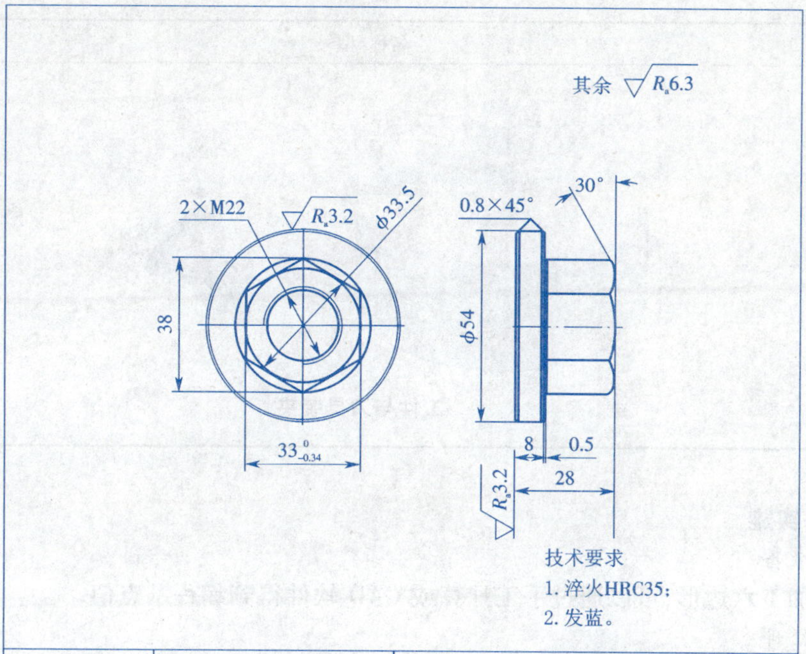

任务性质	工学结合件
产品名称	快换刀架
工件名称	螺母 K4-306
材　　料	45#

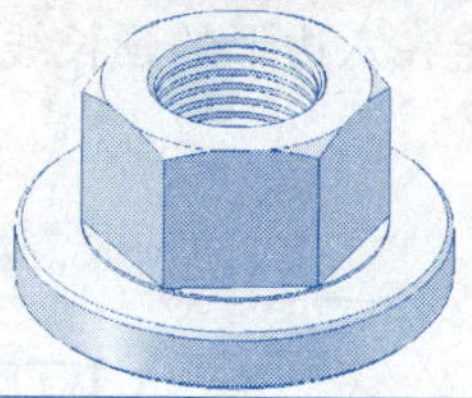

图 2.6　螺母

二、任务准备

序号	名称/型号					
1	设备	GSVM6540C 数控铣床/加工中心(FANUC 0i – M 数控系统)				
2	毛坯	ϕ54 mm × 28 mm				
3	夹具	ϕ160 mm 三爪卡盘				
4	刀柄	40BT – ER32 – 70 弹簧夹头刀柄				
5	量具	0 ~ 150 mm 游标卡尺、25 ~ 50 mm 千分尺、0 ~ 5 mm 百分表				
6	其他	等高垫铁 1 块、紫铜锤 1 个、磁力表座				
7	刀具	规格(mm)	刀具材料	主轴转速(r/min)	进给速度(mm/min)	背吃刀量(mm)
		ϕ12 键槽铣刀	高速钢	500	120	0.5

续表

序号	名称/型号
8	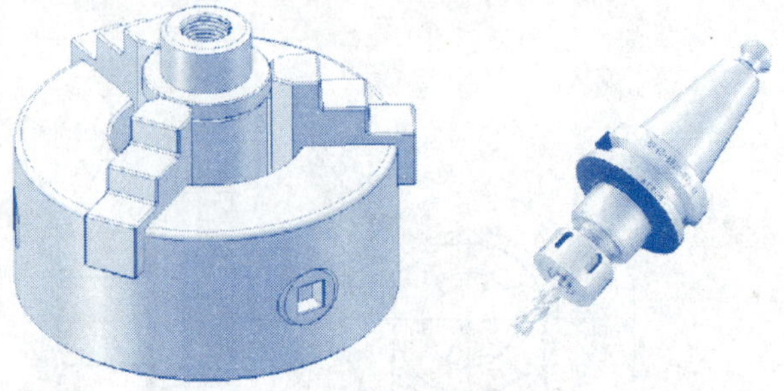 工件与刀具装夹

三、任务实施

1. 加工准备

本任务加工六边形，可以通过手工计算或 CAD 软件得到编程基点值。

2. 工艺处理

进退刀位置确定在六边形的延长线上，如图 2.7 所示。

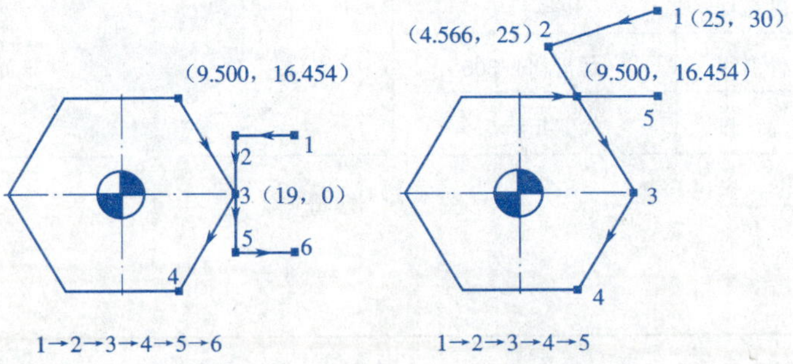

图 2.7　六边形加工路线

加工六边形的参考程序见表 2.2，极坐标编程见表 2.3。

表 2.2　加工六边形参考程序

O0001；	主程序
G17 G40 G54；	加工准备
G00 G90 Z50.；	Z 轴定位
M03 S500；	主轴正转
X25. Y15. M7；	X、Y 轴定位，冷却液开
Z5.；	Z 轴至安全高度
G01 Z－19.5 F1000；	Z 轴至加工深度

续表

G41 X19. D01 F120;	加工六边形轮廓
Y0.;	
X9.5 Y-16.454;	
X-9.5;	
X-19. Y0.;	
X-9.5 Y16.454;	
X9.5;	
X19. Y0.;	
Y-15.;	
G40 X25.;	
G00 Z50.;	Z 轴返回，主轴停止，冷却液关
M05;	
M30;	程序结束

表 2.3　极坐标编程

O0001;	主程序
G17 G40 G15 G54;	加工准备
G00 G90 Z50.;	Z 轴定位
M03 S500;	主轴正转
X25. Y15. M7;	X、Y 轴定位，冷却液开
Z5.;	Z 轴至安全高度
G01 Z-19.5 F1000;	Z 轴至加工深度
G41 X19. D01 F120;	极坐标增量加工六边形轮廓
Y0.;	
G16;	
G91 Y-60.;	
Y-60.;	
Y-60.;	
Y-60.;	
Y-60.;	
Y-60.;	
G15;	
Y-10.;	
G40 G90 X25.;	
G00 Z50.;	Z 轴返回，主轴停止，冷却液关
M05;	
M30;	程序结束

四、任务分配

加工时间:300 分钟。
加工数量:2 件。

五、任务检测与评价

项目与配分		序号	技术要求	配分	评分标准	检测记录	得分
工件加工评分(80分)	轮廓(65分)	1	$3\times270_{-0.34}^{\ 0}$ mm	24	超差 0.01 mm 扣 1 分		
		2	3 × ϕ38 mm	24	超差 0.1 mm 扣 1 分		
		3	19.5 mm	12	超差 0.05 mm 扣 1 分		
		4	$R_a3.2\mu m$	5	每错一处扣 1 分		
	其他(15分)	5	工件按时完成	6	未按时完成全扣		
		6	工件无缺陷	6	每一处缺陷扣 1 分		
		7	$R_a6.3\mu m$	3	每错一处扣 1 分		
程序与工艺(10分)		8	程序正确合理	10	每错一处扣 1 分		
		9	加工工序卡		不合理每处扣 1 分		
机床操作(10分)		10	机床操作规范	5	出错一次扣 2 分		
		11	工件、刀具装夹	5	出错一次扣 2 分		
安全文明生产(倒扣分)		12	安全操作	倒扣	发生安全事故停止操作或酌扣 5~30 分		
		13	机床整理	倒扣			

六、知识能力点的扩展

1. 极坐标编程

1)极坐标指令

G16:极坐标有效。

G15:极坐标取消。

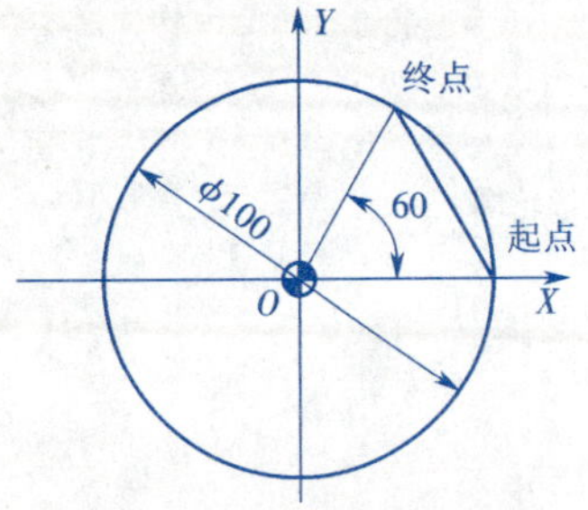

图 2.8　极坐标参数示意图

2)指令说明

(1)极坐标半径。当使用 G17、G18、G19 选择好加工平面后,用所选平面的第一坐标地址来指定极坐标半径。

(2)极坐标角度。用所选平面的第二坐标地址来指定极坐标角度,极坐标的零度方向为第一坐标轴的正方向,逆时针方向为角度方向的正向,如图 2.8 所示。如:

……

G00 X50.0 Y0;

G90 G17 G16;(绝对值编程,选择 *XY* 平面,极坐标生效)

G01 X50.0 Y60.0;(终点极坐标半径为 50,终点极坐标角度为 60°)

G15;(取消极坐标)

……

2. 极坐标系原点

极坐标系原点指定方式有两种：一种是以工件坐标系的零点作为极坐标系原点；另一种是以刀具当前的位置作为极坐标系原点。

当以工件坐标系的零点作为极坐标系原点时，用绝对值编程方式来指定极坐标半径和角度。如程序“G90 G17 G16;”，极坐标半径值是指终点坐标到编程原点的距离，角度值是指终点坐标和编程原点的连线与 X 轴的夹角，如图 2.9 所示。

当以刀具当前的位置作为极坐标系原点时，用增量值编程方式来指定极坐标半径和角度。如程序“G91 G17 G16;”，极坐标半径值是指终点到刀具当前位置的距离，角度值是指前一坐标原点与当前极坐标系原点的连线与当前轨迹的夹角。如图 2.10 所示，在 A 点处进行 G91 方式极坐标编程，则 A 点为当前极坐标系的原点，而前一坐标系的原点为编程原点（O 点），则半径为当前编程原点到轨迹终点的距离（图中 AB 线段的长度）；角度为前一坐标原点和当前极坐标系原点的连线与当前轨迹的夹角（图中 OA 与 AB 的夹角）。BC 段编程时，B 点为当前极坐标系的原点，角度与半径的确定与 AB 段类似。

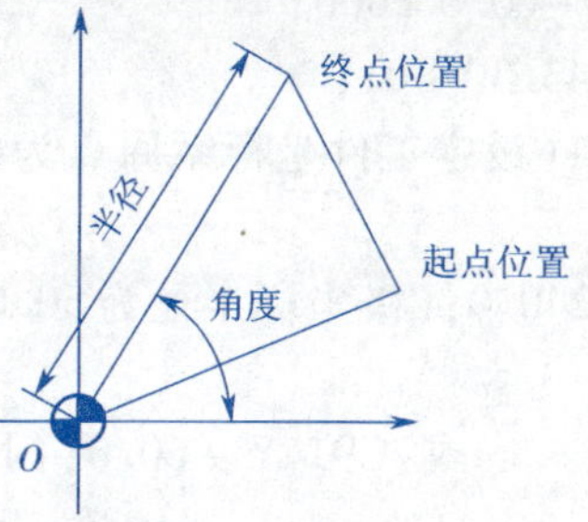

图 2.9　G90 指定原点

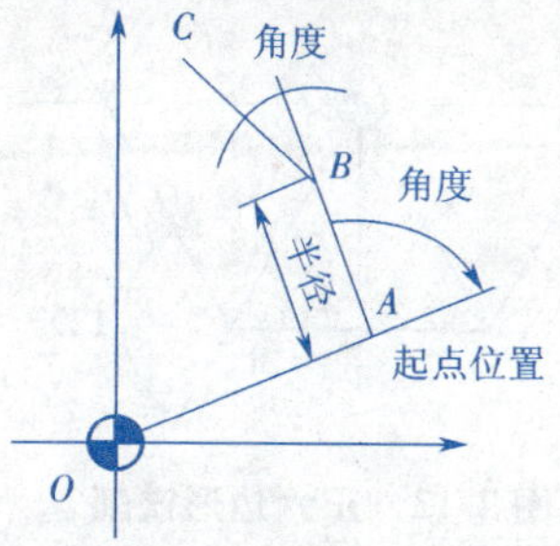

图 2.10　G91 指定原点

3. 极坐标的应用

采用极坐标编程，可以大大减少编程时的计算工作量，因此在编程中得到广泛应用。通常情况下，圆周分布的孔类零件（如法兰类零件）以及图样尺寸以半径和角度形式标示的零件（如正多边形外形铣，如图 2.11 和图 2.12 所示），采用极坐标编程较为合适。

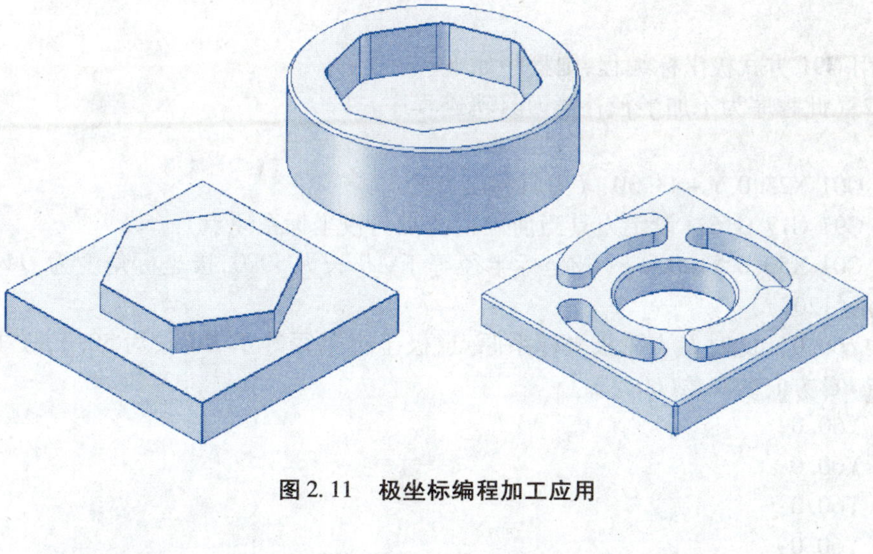
图 2.11　极坐标编程加工应用

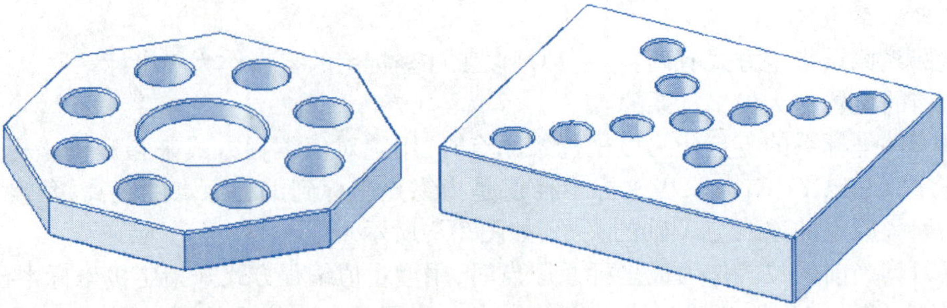

图 2.12　极坐标钻孔

4. 加工示例

试用极坐标编程来编写图 2.13 所示正六边形外形铣削的加工程序。

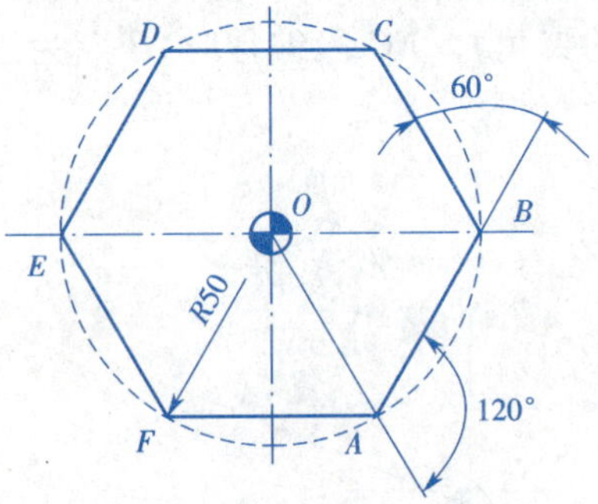

图 2.13　正六边形铣削

O0001;

……

G01 X40.0 Y－60.0 F600;

G41 G01 Y－43.30 D01;

G90 G17 G16;(设定工件坐标系原点为极坐标系原点)

G01 X50.0 Y240.0;(极坐标半径为 50.0,极坐标角度为 240°)

Y180.0;　　　　或:G91 Y－60.0;(用增量值表示角度)

Y120.0;　　　　Y－60.0;

Y60.0;　　　　Y－60.0;

Y0;　　　　Y－60.0;

Y－60.0;　　　　Y－60.0;

G15;(取消极坐标编程)

……

如采用 G91 方式极坐标编程,则程序如下。

O0002;(此程序为不加半径补偿刀具轨迹程序)

……

N080 G01 X25.0 Y－43.30;(刀具移至 *A* 点)

N090 G91 G17 G16;(设定刀具当前位置 *A* 点为极坐标系原点)

N100 G01 X50.0 Y120.0;(极坐标半径等于 *AB* 长为 50.0,极坐标角度为 *OA* 方向与 *AB* 方向的夹角(120°))

N110 Y60.0;(此时 *B* 点为极坐标系原点,极坐标半径等于 *BC* 长为 50.0,极坐标角度为 *AB* 方向与 *BC* 方向的夹角(60°))

N120 Y60.0;

N130 Y60.0;

N140 Y60.0;

N150 Y60.0;

N160 G15;(取消极坐标编程)

……

5. 极坐标编程可归结为六种情况(见图 2. 14)

1)标准的增量值极坐标编程(图 2. 14(a))

G54 G00 X10. 0 Y10. 0;

G91 G16;

G01 X10. 0 Y30. 0 F1000;

2)在增量值极坐标编程后面,极径、极角均改为绝对值编程(图 2. 14(b))

G54 G00 X10. 0 Y10. 0;

G91 G16;

G01 G90 X10. 0 Y30. 0 F1000;

相当于:

G54 G00 X10. 0 Y10. 0;

G90 G16;

G01 X10. 0 Y30. 0 F1000;

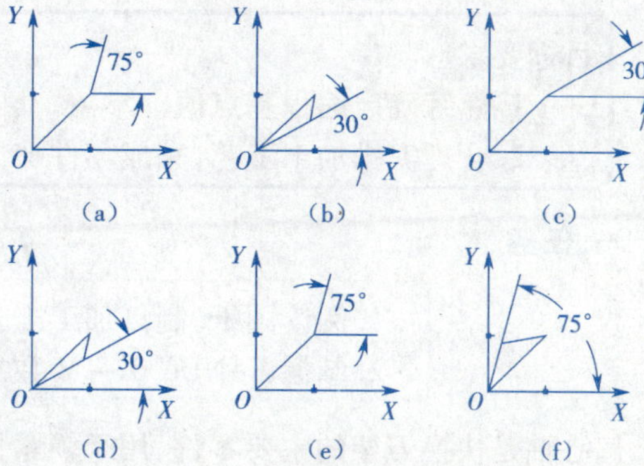

图 2. 14　极坐标编程的六种情况

(a)情况一;(b)情况二;(c)情况三;(d)情况四;(e)情况五;(f)情况六

3)在增量值极坐标编程后面,仅极角改为绝对值编程(图 2. 14(c))

G54 G00 X10. 0 Y10. 0;

G91 G16;

G01 X10. 0 G90 Y30. 0 F1000;

4)标准的绝对值极坐标编程(图 2. 14(d))

G54 G00 X10. 0 Y10. 0;

G90 G16;

G01 X10. 0 Y30. 0 F1000;

5)在绝对值极坐标编程后面,极径、极角均改为增量值编程(图 2. 14(e))

G54 G00 X10. 0 Y10. 0;

G90 G16;

G01 G91 X10. 0 Y30. 0 F1000;

相当于:

G54 G00 X10. 0 Y10. 0;

G91 G16;

G01 X10. 0 Y30. 0 F1000;

6)在绝对值极坐标编程后面,仅极角改为增量值编程(图 2. 14(f))

G54 G00 X10. 0 Y10. 0;

G90 G16;

G01 X10. 0 G91 Y30. 0 F1000;

子任务三　用 FANUC 0i－M 系统加工偏心轴

目标要求

1. 熟练确定编程基点值。
2. 合理安排加工工艺，完成零件加工。

一、任务

1. 阅读图纸，制订加工工艺。
2. 掌握 FANUC 0i－M 数控系统可省略的编程字符。

偏心轴是快换刀架的主要零件，用于锁紧快换刀架的刀夹，编程比较复杂。本任务（见图2.15）主要是提高获得编程基点和编程方法的能力。

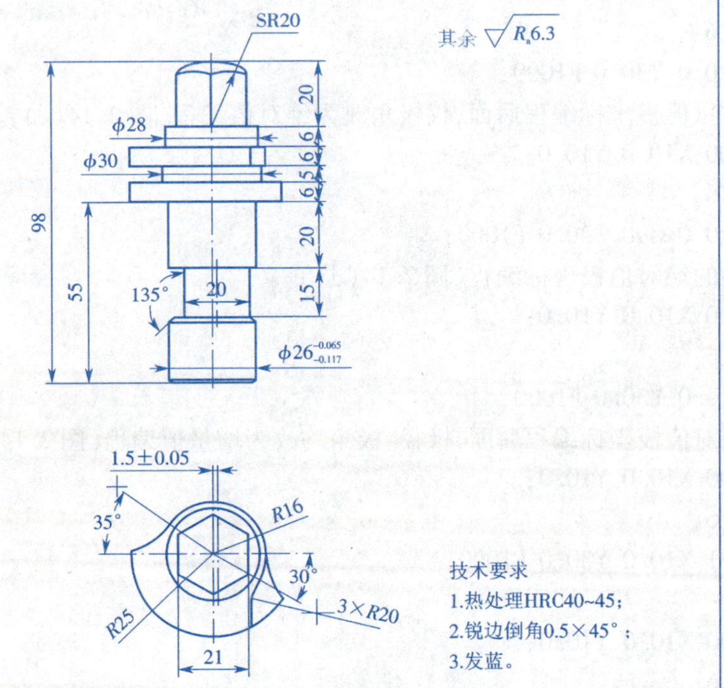

任务性质	工学结合件
产品名称	快换刀架
工件名称	偏心轴
材　　料	45Cr

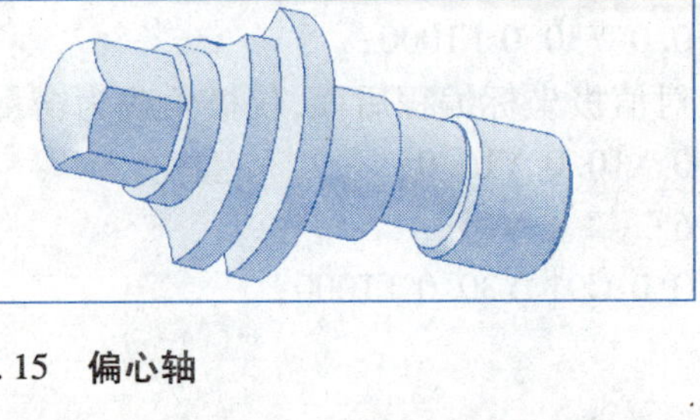

图 2.15　偏心轴

二、任务准备

序号	名称/型号					
1	设备	GSVM6540C 数控铣床/加工中心(FANUC 0i－M 数控系统)				
2	毛坯	已加工毛坯				
3	夹具	ϕ160 mm 三爪卡盘				
4	刀柄	40BT－ER32－70 弹簧夹头刀柄				
5	量具	0～150 mm 游标卡尺、25～50 mm 千分尺、0～5 mm 百分表				
6	其他	等高垫铁 1 块、紫铜锤 1 个、磁力表座				
7	刀具	规格(mm)	刀具材料	主轴转速(r/min)	进给速度(mm/min)	背吃刀量(mm)
		ϕ16 立铣刀	高速钢	600	120	0.5
8	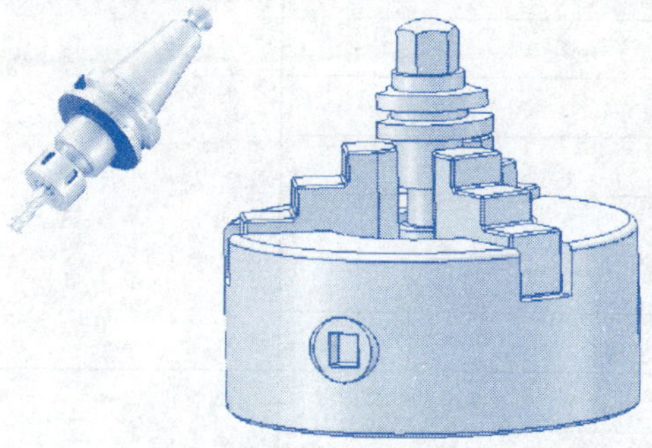 刀具与工件装夹					

三、任务实施

本任务加工六边形和两个凸轮,在用 FANUC 0i－M 数控系统加工时,用极坐标指令编写六边形的加工程序,减少坐标点的计算量;用 CAD/CAM 软件求凸轮基点(见图 2.16)。

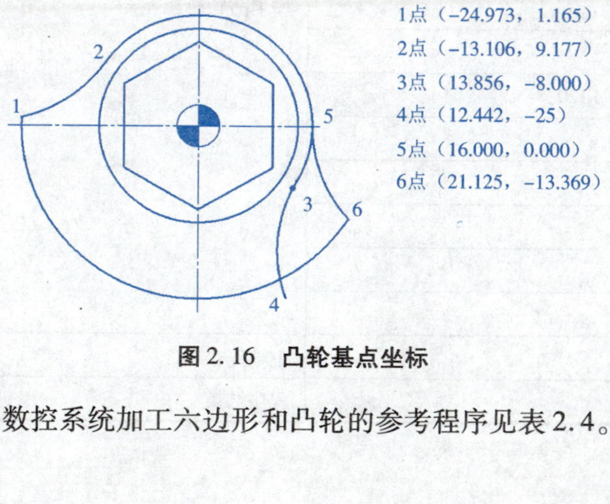

图 2.16　凸轮基点坐标

用 FANUC 0i－M 数控系统加工六边形和凸轮的参考程序见表 2.4。

表 2.4　加工六边形和凸轮参考程序

O0012;	主程序
G17 G40 G15 G54;	加工准备
G0 G90 Z50.;	*Z* 轴定位
M3 S600;	主轴正转
X -20. Y20. M07;	*X*、*Y* 轴定位,冷却液开
Z2.;	*Z* 轴至安全高度
G1 Z -20. F1000;	极坐标增量加工六边形轮廓
G41 Y12.125 D1 F120;	
X0.;	
G16;	
G91 Y -60.;	
Y -60.;	
Y -60.;	
Y -60.;	
Y -60.;	
Y -60.;	
G15;	
X10.;	
G40 G90 Z2.;	
X -30. Y30.;	加工凸轮轮廓
G1 Z -34. F1000;	
G41 X -24.973 Y1.165 D1 F120	
G3 X -13.106 Y9.177 R20.;	
G2 X13.856 Y -8. R16.;	
G3 X12.442 Y -25. R20.;	
G0 Z2.;	
G40 X -30. Y30.;	
G1 Z -45. F1000;	
G41 X -24.973 Y1.165 D1 F120;	
G3 X -13.106 Y9.177 R20.;	
G2 X16. Y0. R16.;	
G3 X36. Y -20. R20.;	
G0 Z50.;	
G40 X0. Y100. M9;	
M5;	主轴停止
M30;	程序结束

四、任务分配

加工时间:300 分钟。
加工数量:2 件。

五、任务检测与评价

项目与配分		序号	技术要求	配分	评分标准	检测记录	得分
工件加工评分(80 分)	轮廓(65 分)	1	3 × 214 mm	15	超差 0.05 mm 扣 3 分		
		2	3 × R20 mm	10	不合格扣 2 分		
		3	R16 mm	5	不合格扣 2 分		
		4	20 mm	5	不合格扣 2 分		
		5	35°	5	不合格扣 2 分		
		6	30°	5	不合格扣 2 分		
		7	R_a6.3μm	5	每错一处扣 1 分		
		8	圆弧连接光滑	10	缺陷一处扣 1 分		
		9	六边形正确	5	不正确全扣		
	其他(15 分)	10	工件按时完成	6	未按时完成全扣		
		11	工件无缺陷	6	每一处缺陷扣 1 分		
		12	R_a6.3μm	3	每错一处扣 1 分		
程序与工艺(10 分)		13	程序正确合理	10	每错一处扣 1 分		
		14	加工工序卡		不合理每处扣 1 分		
机床操作(10 分)		15	机床操作规范	5	出错一次扣 2 分		
		16	工件、刀具装夹	5	出错一次扣 2 分		
安全文明生产(倒扣分)		17	安全操作	倒扣	发生安全事故停止操作或酌扣 5 ~ 30 分		
		18	机床整理	倒扣			

六、知识能力点的扩展

1. 前置省略

准备功能 G 指令和辅助功能 M 指令的前置“0”在程序中可以省略,如“G01”输入“G1”、“M03”输入“M5”即可。

2. 小数点编程

(1)当输入表示距离、时间或速度的值时,可以使用小数点。

(2)小数点表示法有两种类型:小数点编程和非小数点编程。

当使用小数点编程时,没有小数点的数值单位被认为是最小输入单位。在一个程序中,数值可以使用小数点指定,也可以使用非小数点指定。当使用非小数点编程时,没有小数点的数值单位被认为是毫米、英寸或度。由参数 No. 3401#0(DPI)选择小数点编程和非小数点编程。FANUC 0i - M 数控系统的小数点编程格式见表 2.5。

注意

不确定系统状态,编程必须输入小数点。

表 2.5　小数点编程格式

程序指令	小数点编程	非小数点编程
X1000 指令值没有小数点	1 mm 单位:最小输入增量	1 000 mm 单位:mm
X1000.0 指令值有小数点	1 000 mm 单位:mm	1 000 mm 单位:mm

任务三 型腔和槽加工

目标要求

1. 掌握型腔和槽加工工艺的编制方法。
2. 掌握简化编程的方法。
3. 掌握刀具、刀柄的安装方法。
4. 掌握圆柱工件的装夹、找正方法。
5. 掌握数控机床的故障类型和处理方法。
6. 掌握轮廓精度的检测方法。

任务实施

子任务一 用 FANUC 0i－M 系统加工刀架体
子任务二 用 FANUC 0i－M 系统加工偏心法兰盘
子任务三 用 HNC－21M 系统加工偏心法兰盘
子任务四 用 FANUC 0i－M 系统加工凸轮
子任务五 用 FANUC 0i－M 系统加工槽轮
子任务六 用 HNC－21M 系统加工槽轮

子任务一 用 FANUC 0i－M 系统加工刀架体

目标要求

1. 掌握刀架体的加工工艺安排。
2. 掌握刀具安装方法。

一、任务

本任务是加工刀架体的两个(45 ±0.03)mm ×(32 ±0.03)mm 的方槽(见图 3.1)。两个槽的尺寸相同,在刀架体中的分布不同,可通过合理的定位装夹工件,用一个程序完成槽的加工。

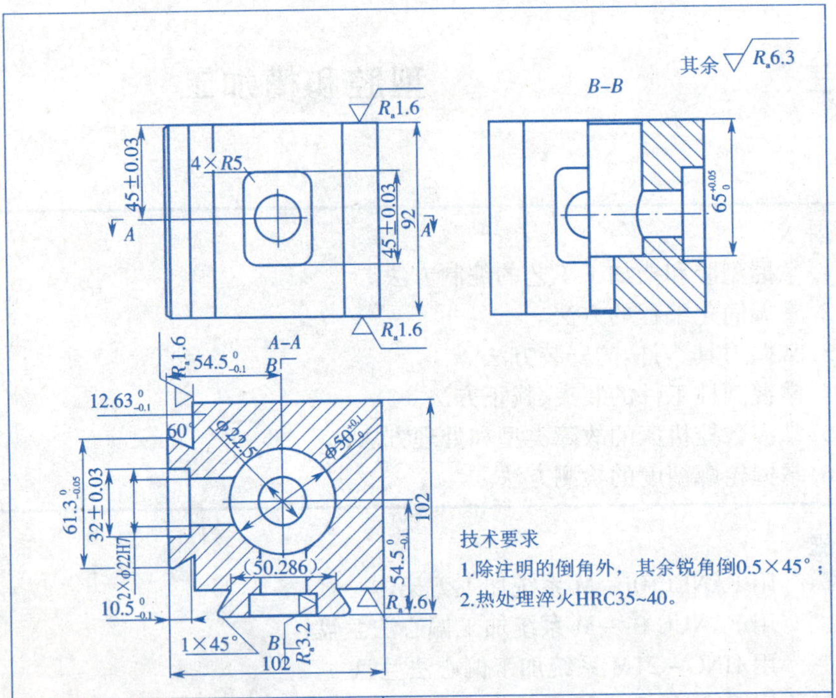

任务性质	工学结合件
产品名称	快换刀架
工件名称	刀架体
材　料	45#

图 3.1　刀架体

二、任务准备

序号	名称/型号					
1	设备	GSVM6540C 数控铣床/加工中心（FANUC 0i－M 数控系统） XD－40A 数控铣床（HNC－21M 数控系统）				
2	毛坯	108 mm×108 mm×98 mm				
3	夹具	QH－160 平口钳				
4	刀柄	40BT－ER32－70 弹簧夹头刀柄				
5	量具	0～150 mm 游标卡尺、方槽塞规、0～5 mm 百分表				
6	其他	等高垫铁 2 块、紫铜锤 1 个、磁力表座				
7	刀具	规格（mm）	刀具材料	主轴转速（r/min）	进给速度（mm/min）	背吃刀量（mm）
		φ10 立铣刀	高速钢	800	120	（70%～80%）D

续表

序号	名称/型号
8	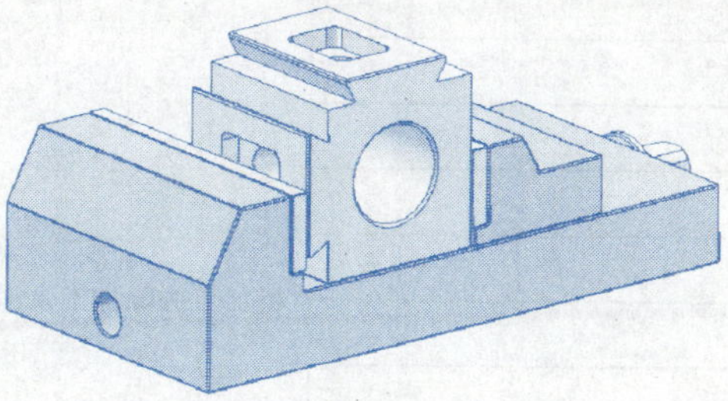 刀架体装夹

三、任务实施

(1)认真阅读图纸,确定加工内容、加工精度,制订合理的工艺路线,计算编程基点。

(2)检查毛坯形状和加工余量,若毛坯有缺陷,应将不合格的毛坯剔除。

(3)工艺处理。

从图纸可以知道,该零件的加工内容分布在不同位置,但尺寸完全相同,加工时需进行两次装夹定位,如图 3.2 所示。

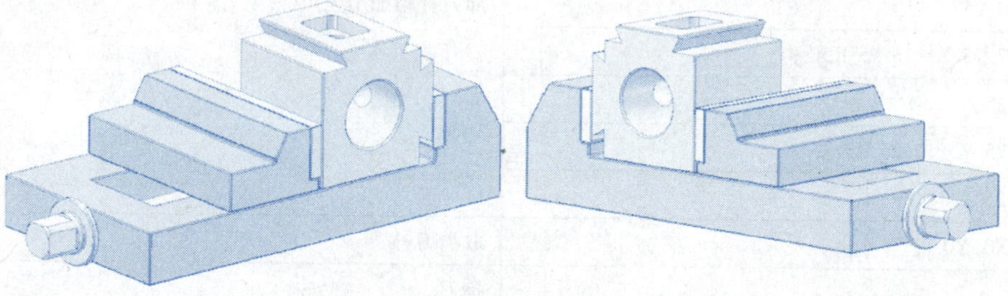

图 3.2　工件装夹示意图

加工时编写一个加工程序,通过设置不同的工件加工坐标系完成生产加工。用 FANUC 0i－M 数控系统加工刀架体的参考程序见表 3.1。

表 3.1　加工刀架体参考程序

O0001;	主程序
G17 G21 G40 G54;	功能准备
G00 G90 Z50.;	Z 轴定位
M03 S600;	主轴正转
X0. Y0.;	X、Y 轴定位
G01 Z5. F1500;	降至安全高度
Z－10.8 F200;	切削至加工深度

续表

G01 X5. Y0. ;	粗加工去除加工余量
Y5. ;	
X-5. ;	
Y-5. ;	
X5. ;	
Y5. ;	
X10. ;	
Y10. ;	
X-10. ;	
Y-10. ;	
X10. ;	
Y10. ;	
G41 G01 X22.75 Y10.25 D01;	加刀补精加工至尺寸
G03 X17.75 Y15.25 R5. ;	
G01 X-17.75;	
G03 X-22.75 Y10.25 R5. ;	
G01 Y-10.25;	
G03 X-17.75 Y-15.25 R5. ;	
G01 X22.25;	
G03 X22.75 Y-10.25 R5. ;	
G01 Y10.25 ;	
G40 G01 X0. Y0. ;	取消刀补
G00 Z100. ;	抬刀
M05;	主轴停止
M30;	程序结束

四、任务分配

加工时间:300 分钟。
加工数量:1 件。

五、任务检测与评价

项目与配分		序号	技术要求	配分	评分标准	检测记录	得分
工件加工评分（80分）	轮廓（65分）	1	30.5 mm	19	超差0.01 mm扣1分		
		2	45.5 mm	19	超差0.01 mm扣1分		
		3	10.8 mm	19	超差0.01 mm扣1分		
		4	圆弧光滑过渡	5	每错一处扣1分		
		5	$R_a3.2\mu m$	3	每错一处扣1分		
	其他（15分）	6	工件按时完成	6	未按时完成全扣		
		7	工件无缺陷	6	每一处缺陷扣1分		
		8	$R_a6.3\mu m$	3	每错一处扣1分		
程序与工艺（10分）		9	程序正确合理	10	每错一处扣1分		
		10	加工工序卡		不合理每处扣1分		
机床操作（10分）		11	机床操作规范	5	出错一次扣2分		
		12	工件、刀具装夹	5	出错一次扣2分		

六、知识能力点的扩展

1. 数控刀具在刀柄中的安装

(1)选择强力夹头刀柄。

(2)选择KM弹簧夹头($\phi10$ mm)。

(3)将刀具装入图3.3所示的锁刀器，刀柄卡槽对准锁刀器的凸起部分。

(4)用钩形扳手松开锁紧螺母，将KM弹簧夹头装入刀柄。

(5)将键槽铣刀装入弹簧夹头，锁紧锁紧螺母，完成刀具在刀柄中的安装。

2. 刀柄在数控机床上的安装

装刀前必须认真检查拉钉是否拧紧在刀柄上，如未拧紧，在机床工作过程中刀柄会松动，这是非常危险的。

1)在主轴上装刀

采用手动方式在主轴上装刀具时，应注意按下述顺序进行：

(1)确认供气阀已打开，数控机床的气动装置达到标准气压0.6 MPa；

(2)擦干净刀具锥柄和主轴锥孔表面；

(3)按下数控机床控制面板上的“刀具松”按钮；

(4)手握刀柄底部，将刀柄柄部伸入主轴锥孔中，并对正键槽；

(5)按下主轴上的气动按钮(见图3.4)，同时向上推刀柄，在刀具没有完全被拉紧到主轴上之前不要松手；

(6)松开气动按钮，确认刀柄安装牢固，然后松开手握刀柄；

(7)检查刀柄在数控机床上的安装情况。

2)从主轴上卸刀

(1)在松刀开关按下时，刀柄被汽缸压下，要向下运动约0.5 mm。由于刀具具有自重并且气流压力会加速刀具向下的运动，因此要抓牢刀具。

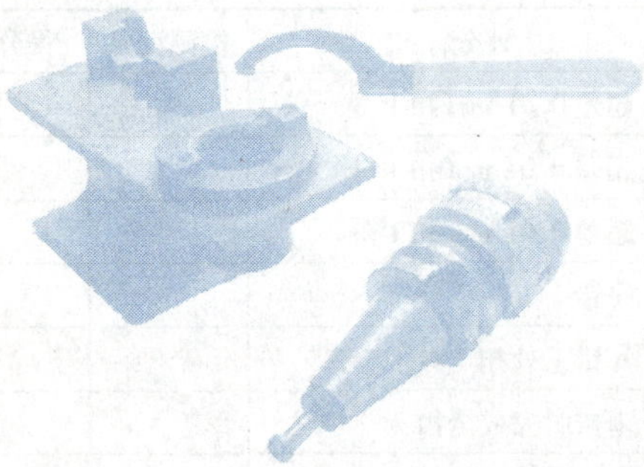

图 3.3　刀柄、锁刀器与钩形扳手

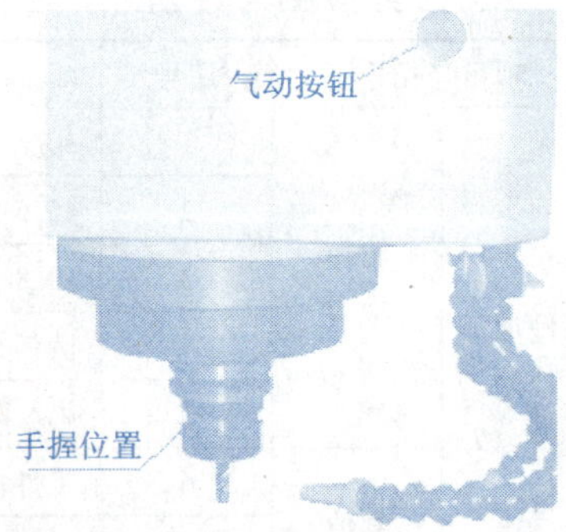

图 3.4　刀柄在数控机床上的安装

图 3.5　刀具装入刀库操作流程

(2)手动卸刀时应注意使主轴箱升到足够的高度,以免刀具与工件或工作台发生碰撞。

3. 将主轴刀具装入刀库

将主轴刀具装入刀库的操作流程如图 3.5 所示,操作步骤如下:

(1)采用手动方式转动刀库,使刀库当前刀位为 1 号刀位,主轴上采用手动方式装入 1 号 $\phi10$ mm 键铣刀;

(2)按下模式选择按钮"MDI";

(3)按下按钮"PROG";

(4)直接输入"M06 T02;";

(5)按下循环启动按钮"AUTO",主轴中的刀具装入刀库中的 1 号刀位,主轴上换上刀库中 2 号刀位上的刀具,同时刀库停在 2 号刀位上。

用同样的方法将 $\phi16$ mm 键铣刀装入刀库的 2 号刀位。

子任务二　用 FANUC 0i－M 系统加工偏心法兰盘

目标要求

1. 掌握较复杂零件的加工工艺。
2. 合理地选择刀具。

一、任务

偏心法兰盘(见图 3.6)用于数控车床伺服电机的安装调整,加工内容较多,需要用极坐标指令、固定循环指令编程。

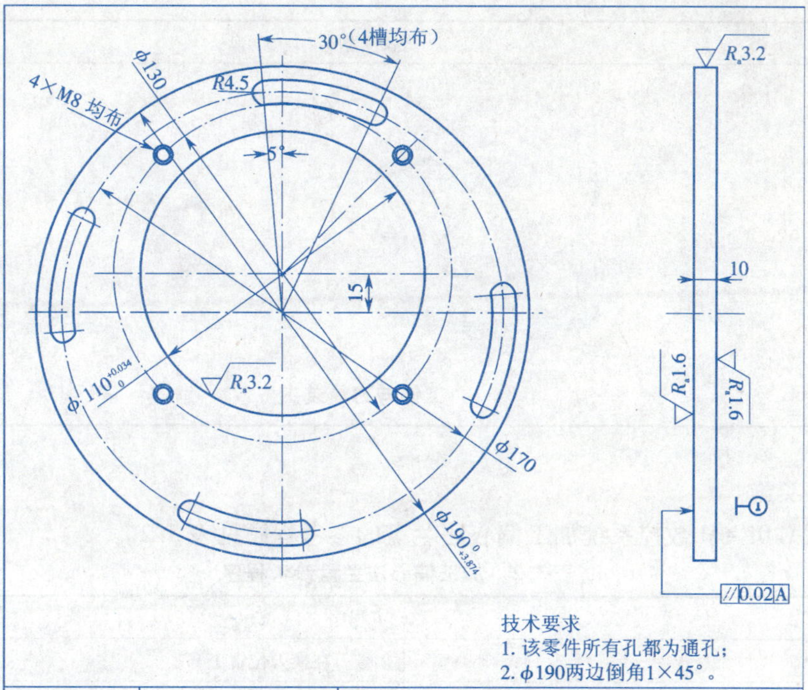

任务性质	工学结合件
产品名称	数控车床
工件名称	偏心法兰盘
材　　料	45#

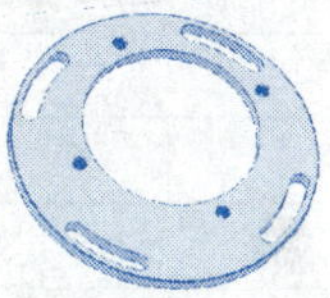

图 3.6　偏心法兰盘

二、任务准备

序号	名称/型号					
1	设备	GSVM6540C 数控铣床/加工中心(FANUC 0i－M 数控系统)				
2	毛坯	φ190 mm×10 mm(已加工毛坯)				
3	夹具	φ250 mm 三爪卡盘				
4	刀柄	40BT－ER32－70 弹簧夹头刀柄				
5	量具	0～150 mm 游标卡尺、25～50 mm 千分尺、0～5 mm 百分表				
6	其他	等高垫铁 1 块、紫铜锤 1 个、磁力表座				
7	刀具	规格(mm)	刀具材料	主轴转速(r/min)	进给速度(mm/min)	背吃刀量(mm)
		φ12 键槽铣刀	高速钢	500	120	0.5

续表

序号	名称/型号
8	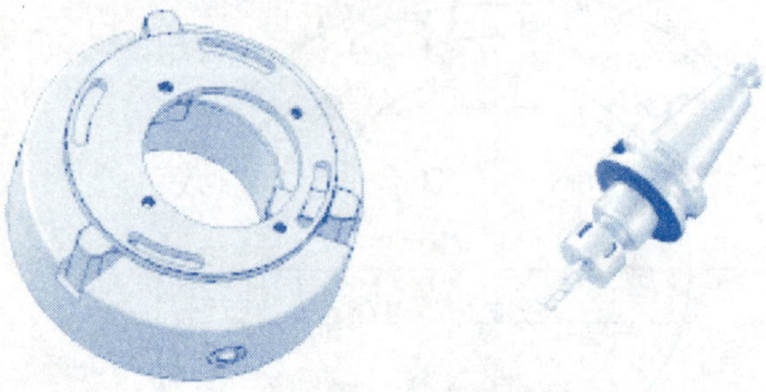 工件与刀具装夹

三、任务实施

用 FANUC 0i－M 数控系统加工偏心法兰盘的参考程序见表 3.2。

表 3.2　加工偏心法兰盘参考程序

O0001；	主程序
T02；	2 号刀在换刀位置上
G17 G21 G40 G80；	加工准备
G00 G90 G54 X0. Y0. ；	X、Y 轴定位
M03 S1200；	主轴正转
G43 Z50. H01；	执行 1 号刀长度补偿
G16 X65. Y45. ；	
G81 Z－3. R3. F100. M07；	
Y135. ；	
Y225. ；	打中心孔
Y315. ；	
X48. Y0. ；	
G80；	
G15；	取消极坐标
G00 G90 G55 X0. Y0. ；	X、Y 轴定位

续表

G16 X85. Y95. ;	打中心孔
G81 Z-3. R3. F100. ;	
Y65. ;	
Y185. ;	
Y155. ;	
Y275. ;	
Y245. ;	
Y5. ;	
Y335. ;	
G80 M05 M09;	
G15;	取消极坐标
G00 Z100. ;	*Z* 轴至安全高度
M06 T03;	换刀，3 号刀在换刀位置上
G00 G90 G54 X0. Y0. ;	*X*、*Y* 轴定位
M03 S950;	主轴正转
G43 Z50. H02;	执行 2 号刀长度补偿
G16 X65. Y45. ;	执行极坐标
G83 Z18. R3. Q5. F100. M07;	钻孔
Y135. ;	
Y225. ;	
Y315. ;	
X48. Y0. ;	
G80 M05 M09;	
G15;	取消极坐标
G00 G90 G55 X0. Y0. ;	*X*、*Y* 轴定位
M03 S900;	主轴正转
G43 Z50. H03;	执行 3 号刀长度补偿
G16 X85. Y95. ;	执行极坐标

续表

G83 Z-18. R3. Q5. F100. M07;	用 G83 深孔钻削固定循环钻孔
Y65. ;	
Y185. ;	
Y155. ;	
Y275. ;	
Y245. ;	
Y5. ;	
Y335. ;	
G80 M05 M09;	
G15;	取消极坐标
G00 Z100. ;	*Z* 轴至安全高度
M06 T05;	换刀,5 号刀在换刀位置上
G00 G90 G54 X48. Y0. ;	*X*、*Y* 轴定位
M03 S650;	主轴正转
G43 Z50. H04;	执行 4 号刀长度补偿
G00 Z5. ;	*Z* 轴至安全高度
G01 Z-15. F200. M07;	去余量
G02 I-48. ;	
G41 G01 X55. Y0. D04(D04 = 6 mm);	精加工 ϕ110 mm 的孔
G02 I-55. ;	
G40 G01 X40. Y0. ;	
G00 Z100. M05 M09;	*Z* 轴至安全高度
M06 T01;	换刀,1 号刀在换刀位置上
G00 G90 G55 X0. Y0. ;	*X*、*Y* 轴定位
M03 S600;	主轴正转
G43 Z50. H05;	执行 5 号刀长度补偿
G00 Z5. ;	*Z* 轴至安全高度
M98 P2;	调用 2 号子程序
G68 X0. Y0. R90. ;	坐标系旋转 90°
M98 P2;	调用 2 号子程序
G68 X0. Y0. R180. ;	坐标系旋转 180°
M98 P2;	调用 2 号子程序
G68 X0. Y0. R270. ;	坐标系旋转 270°
M98 P2;	调用 2 号子程序
G00 Z100. M05;	*Z* 轴至安全高度
M06;	换刀,1 号刀在主轴上

续表

M30;	程序结束
O0002	子程序名
G0 X84.677 Y7.408;	刀具定位
G01 Z-12. F80. M07;	刀具进给至加工深度
G02 X77.036 Y-35.923 R85. ;	粗加工 $R9$ mm 的圆弧槽
G42 G01 X81.115 Y-37.824 D05;	槽的精加工
G02 X72.958 Y-34.021 R4.5;	
G03 X80.194 Y7.016 R80.5;	
G02 X89.159 Y7.8 R4.5;	
G02 X81.115 Y-37.824 R89.5;	
G40 G01 X77.036 Y-35.923;	
G00 Z5. M09;	
M99;	子程序结束

四、任务分配

加工时间:300 分钟。
加工数量:1 件。

五、任务检测与评价

项目与配分		序号	技术要求	配分	评分标准	检测记录	得分
工件加工评分(80 分)	轮廓(65 分)	1	$\phi110^{+0.054}_{0}$ mm	14	超差不得分		
		2	$R9$ mm	8	超差不得分		
		3	15 mm	8	超差不得分		
		4	$\phi170$ mm	8	超差不得分		
		5	30°	8	超差不得分		
		6	$\phi130$ mm	8	超差不得分		
		7	4×M8 mm	8	超差不得分		
		8	$R_a3.2$ μm	3	每错一处扣 1 分		
	其他(15 分)	9	工件按时完成	6	未按时完成全扣		
		10	工件无缺陷	6	每一处缺陷扣 1 分		
		11	$R_a6.3$ μm	3	每错一处扣 1 分		
程序与工艺(10 分)		12	程序正确合理	10	每错一处扣 1 分		
		13	加工工序卡		不合理每处扣 1 分		
机床操作(10 分)		14	机床操作规范	5	出错一次扣 2 分		
		15	工件、刀具装夹	5	出错一次扣 2 分		

子任务三 用 HNC－21M 系统加工偏心法兰盘

一、任务

子任务二中偏心法兰盘 ϕ110 mm 内孔的直径比较大、厚度薄，通常的加工方法：钻孔→扩孔→铣削或钻削→铣削，需用的刀具种类多，加工效率低。而在华中 HNC－21M 系统中运用螺旋线插补功能，可实现螺旋线连续加工。该指令对另一个不在圆弧平面上的坐标轴施加移动指令，对于任何小于 360°的圆弧，可附加任一数值的单轴指令。如果将每次螺旋线插补的第三轴移动距离用增量表示，其格式为：G17 G91 G03 I－20 Z－1 L10（L 为螺旋次数），从而可以十分便利地实现螺纹的铣削加工、用小直径刀具的铣削加工大孔等。一次粗加工即可去除加工余量，再通过修改刀具半径补偿值进行精加工，提高加工效率。

指令格式：

$$\mathrm{G17}\left\{\begin{matrix}\mathrm{G90}\\\mathrm{G91}\end{matrix}\right\}\left\{\begin{matrix}\mathrm{G02}\\\mathrm{G03}\end{matrix}\right\}\mathrm{X}\_\ \mathrm{Y}\_\left\{\begin{matrix}\mathrm{R}\_\\\mathrm{I}\_\ \mathrm{J}\_\end{matrix}\right\}\mathrm{Z}\_\ \mathrm{L}\_\ \mathrm{F}\_$$

$$\mathrm{G18}\left\{\begin{matrix}\mathrm{G90}\\\mathrm{G91}\end{matrix}\right\}\left\{\begin{matrix}\mathrm{G02}\\\mathrm{G03}\end{matrix}\right\}\mathrm{X}\_\ \mathrm{Z}\_\left\{\begin{matrix}\mathrm{R}\_\\\mathrm{I}\_\ \mathrm{K}\_\end{matrix}\right\}\mathrm{Y}\_\ \mathrm{L}\_\ \mathrm{F}\_$$

$$\mathrm{G19}\left\{\begin{matrix}\mathrm{G90}\\\mathrm{G91}\end{matrix}\right\}\left\{\begin{matrix}\mathrm{G02}\\\mathrm{G03}\end{matrix}\right\}\mathrm{Y}\_\ \mathrm{Z}\_\left\{\begin{matrix}\mathrm{R}\_\\\mathrm{J}\_\ \mathrm{K}\_\end{matrix}\right\}\mathrm{X}\_\ \mathrm{L}\_\ \mathrm{F}\_$$

其中：X、Y、Z 中由 G17/G18/G19 平面选定的两个坐标为螺旋线投影圆弧的终点，意义同圆弧进给；另外一个坐标是与选定平面相垂直的轴终点；其余参数的意义同圆弧进给。

螺旋线铣削加工孔实例如下：

```
%0002
G92 X0 Y0 Z35
M03 S800
G00 Z30
G01 G41 X30 D01 F100
G03 G91 I-30 Z-5 L6
G90 G03 I-30
G01 G40 X0
G00 Z50
M30
```

用 HNC－21M 数控系统加工偏心法兰盘的参考程序见表 3.3。

表 3.3 加工偏心法兰盘参考程序

OFLP	文件名
%1	程序名
G17 G21 G40 G80 G55	加工准备
G00 G90 X0 Y0	X、Y 轴定位
M03 S800	主轴正转

续表

G0 G90 Z50	Z 轴定位
X54.5 Y0	X、Y 轴定位，刀具直径 ϕ10 mm
G01 Z0.5 F500	Z 轴至安全高度
G03 I－54.5 Z－2 L6 F200 M07	去除加工余量
G04 X2	程序暂停 2 s 以落料
G01 Z0.5 F500	Z 轴定位
G41 G01 X55 Y0 D01 F200	精加工 ϕ110 mm 的孔（D01＝5 mm）
G03 I－55 Z－2 L6	
G91 X－10 Y10 R10	
G90 G40 G01 X35 Y0	
M05	主轴停止
G00 Z100	Z 轴至安全高度
M30	程序结束

二、知识能力点的扩展

1. 数控铣床/加工中心用刀具系统

加工中心的刀具系统（见图 3.7）是刀具与加工中心的连接部分，由工作头（刀具）、刀柄、中间模块等组成，起固定刀具及传递动力的作用。

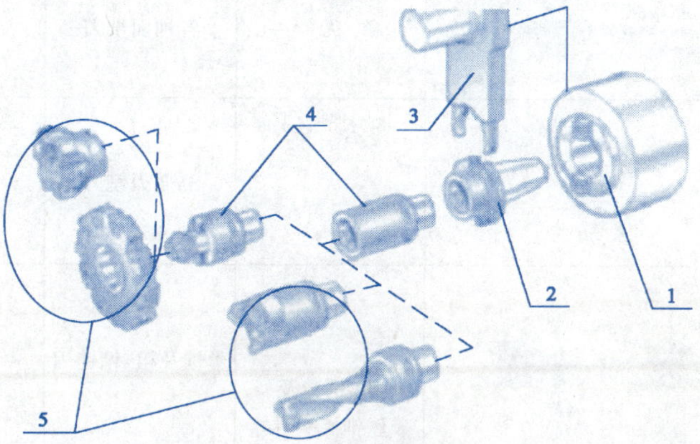

图 3.7　刀具系统的组成

1—主轴；2—刀柄；3—换刀机械手；4—中间模块；5—工作头

1）刀柄

切削刀具通过刀柄与数控铣床主轴连接，刀柄的强度、刚度、耐磨性、制造精度以及夹紧力等对加工均有直接的影响。数控铣床刀柄一般采用 7∶24 锥面与主轴锥孔配合定位，刀柄及刀柄尾部供主轴内拉紧机构用的拉钉已实现标准化，其使用的标准有国际标准（ISO）和中国、美国、德国、日本等各国国家标准。因此，数控铣床刀柄系统应根据所选用的数控铣床要求进行配备。

加工中心的刀柄可分为整体式与模块式两类。根据刀柄柄部形式及所采用国家标准的不同,我国使用的刀柄常分成 BT(日本 MAS403—75 标准)、JT(GB/T 10944—1989 与 ISO 7388—1983 标准,带机械手夹持槽)、ST(ISO 或 GB,不带机械手夹持槽)和 CAT(美国 ANSI 标准)等几种系列,这几种系列的刀柄除局部槽的形状不同外,其余结构基本相同。根据锥柄大端直径的不同,刀柄又分成 40、45、50(个别的还有 30 和 35)等几种类型,如 BT/JT/ST50 和 BT/JT/ST40 分别代表锥柄大端直径为 69.85 mm 和 44.45 mm 的 7∶24 锥柄。加工中心常用刀柄的类型及其使用场合见表 3.4。

表 3.4　加工中心常用刀柄的类型及其使用场合

刀柄类型	刀柄实物图	夹头或中间模块	夹持刀具	备注及型号举例
削平型工具刀柄		无	直柄立铣刀、球头刀、削平型浅孔钻等	JT40 - XP20 - 70
弹簧夹头刀柄	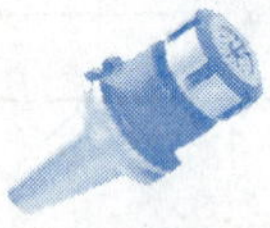	 ER 弹簧夹头	直柄立铣刀、球头刀、中心钻等	BT30 - ER20 - 60
强力夹头刀柄	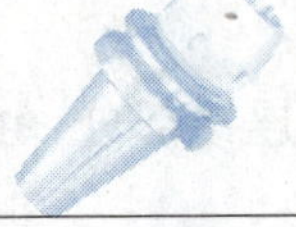	 KM 弹簧夹头	直柄立铣刀、球头刀、中心钻等	BT40 - C22 - 95
面铣刀刀柄	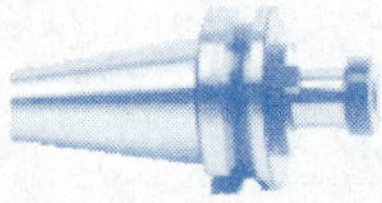	无	各种面铣刀	BT40 - XM32 - 75
三面刃铣刀刀柄		无	三面刃铣刀	BT40 - XS32 - 90
侧固式刀柄	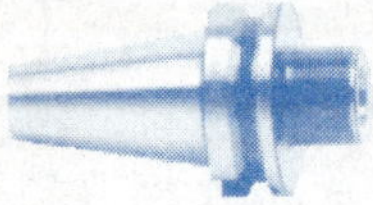	 粗、精镗及丝锥夹头等	丝锥及粗、精镗刀	21A. BT40. 32 - 58
莫氏锥度刀柄		 莫氏变径套	锥柄钻头、铰刀	有扁尾 ST40 - M1 - 45
	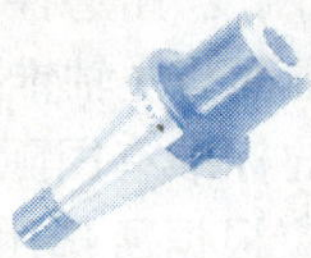		锥柄立铣刀、锥柄带内螺纹立铣刀等	无扁尾 ST40 - MW2 - 50

续表

刀柄类型	刀柄实物图	夹头或中间模块	夹持刀具	备注及型号举例
钻夹头刀柄		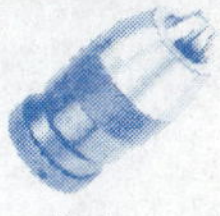 钻夹头	直柄钻头、铰刀	ST50－Z16－45
丝锥夹头刀柄		攻螺纹夹套	机用丝锥	ST50－TPG875
整体式刀柄	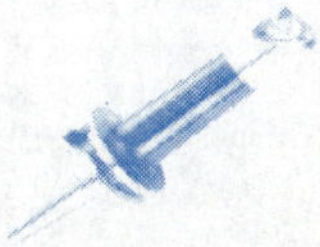	 粗、精镗刀头	整体式粗、精镗刀	BT40－BCA30－160

2）拉钉

刀柄尾部的拉钉（见图3.8）的尺寸也已标准化，ISO或GB规定了A型和B型两种形式的拉钉。其中，A型拉钉用于不带钢球的拉紧装置，而B型拉钉用于带钢球的拉紧装置。刀柄及拉钉的具体尺寸可查阅有关标准的规定。

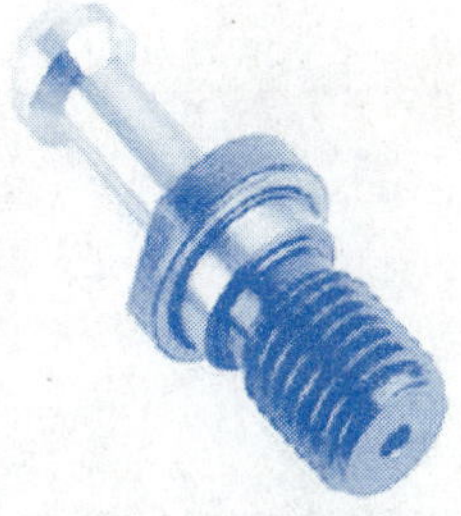

图3.8　拉钉

3）弹簧夹头及中间模块

弹簧夹头有两种，即ER弹簧夹头（见图3.9（a））和KM弹簧夹头（见图3.9（b））。其中，ER弹簧夹头的夹紧力较小，适用于切削力较小的场合；KM弹簧夹头的夹紧力较大，适用于强力铣削。

（a）　　　　　　（b）

图3.9　弹簧夹头

（a）ER弹簧夹头；（b）KM弹簧夹头

中间模块（见图3.10）是刀柄和刀具之间的中间连接装置，通过中间模块的使用，提高了刀柄的通用性能。例如，镗刀、丝锥、莫氏钻头与刀柄的连接就经常使用中间模块。

2. 卡盘装夹工件的校正

在数控铣床和加工中心上使用卡盘作为夹具时，通常用压板将卡盘压紧在工作台面上，使卡盘轴心线与主轴平行。三爪自定心卡盘装夹圆柱形工件的校正如图3.11所示，将百分表固定在主轴上，触头接触外圆侧母线，上下移动主轴，根据百分表的读数用铜棒轻敲工件进行调

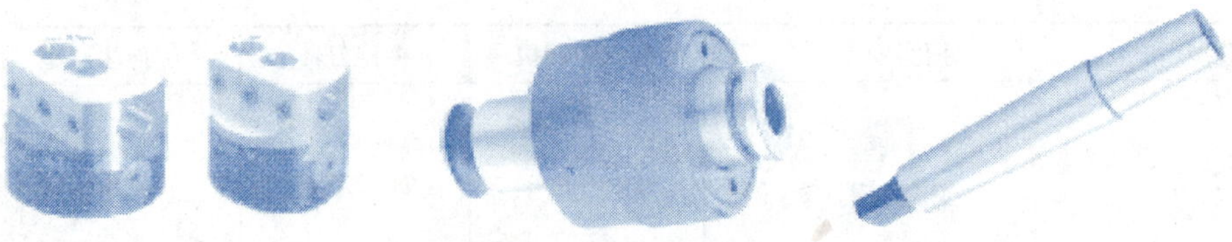

(a)　　(b)　　(c)

图 3.10　中间模块

(a)精镗刀中间模块;(b)攻螺纹夹套;(c)钻夹头接杆

整,当主轴上下移动过程中百分表读数不变时,表示工件母线平行于 Z 轴。

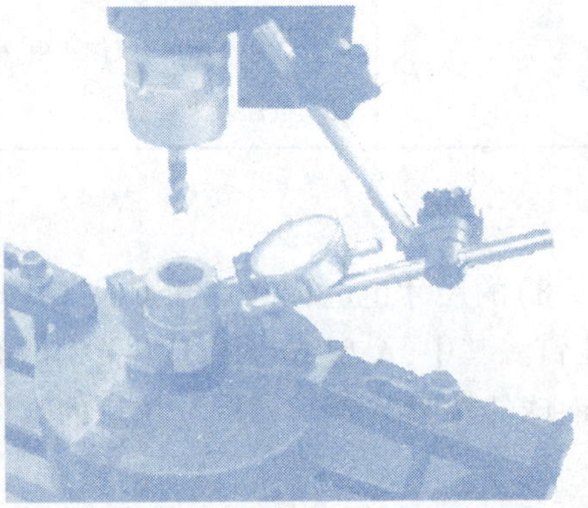

图 3.11　三爪自定心卡盘装夹校正

当校正圆柱形工件圆心时,可手动旋转主轴,根据百分表的读数值,在 XY 平面内手摇移动工件,直至手动旋转主轴时百分表读数值不变,此时工件中心与主轴轴心同轴,记下此时的 X、Y 机床坐标系的坐标值,可将该点(圆柱中心)设为工件坐标系 XY 平面的编程原点。内孔中心的校正方法与外圆中心的校正方法相同。

子任务四　用 FANUC 0i－M 系统加工凸轮

目标要求

1. 掌握凸轮的加工方法。
2. 掌握数控机床故障类型和解决方法。
3. 正确选择刀具和切削用量。

一、任务

凸轮是凸轮机构中的主要构件,在本任务中该零件(见图 3.12)的槽和薄壁为加工内容,要合理地安排粗、精加工工艺和刀具选择,以保证加工精度的要求。

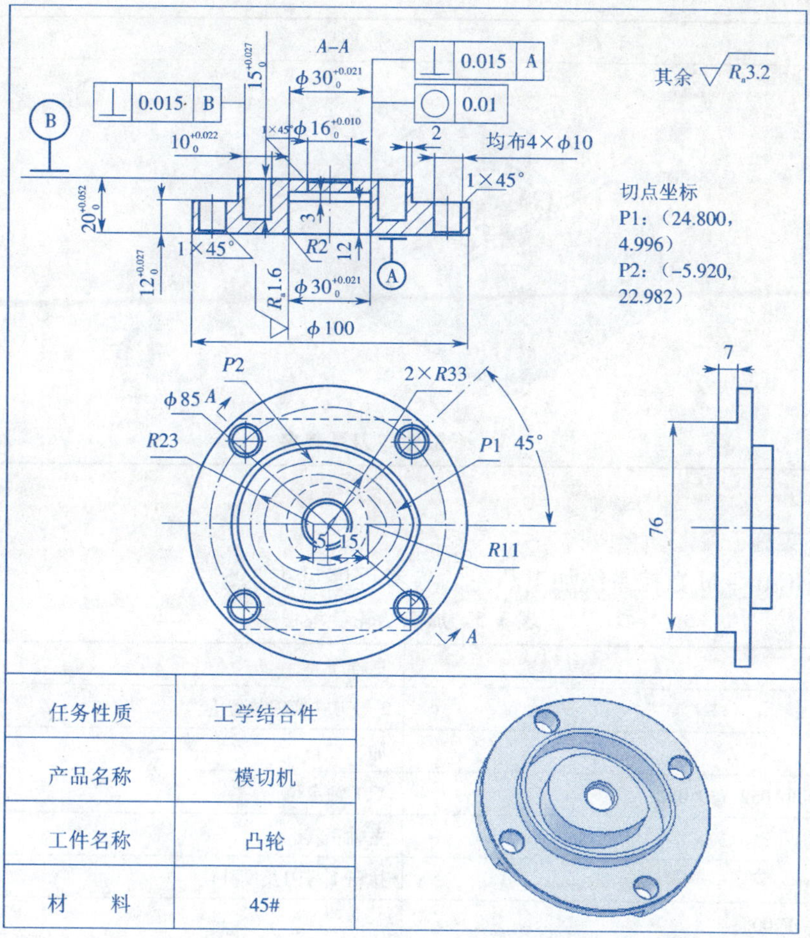

图 3.12　凸轮

二、任务准备

序号	名称/型号					
1	设备	GSVM6540C 数控铣床/加工中心（FANUC 0i－M 数控系统）				
2	毛坯	ϕ100 mm×21 mm（已加工毛坯）				
3	夹具	平口钳				
4	刀柄	40BT－ER32－70 弹簧夹头刀柄				
5	量具	0～150 mm 游标卡尺、25～50 mm 千分尺、0～5 mm 百分表				
6	其他	等高垫铁 1 块、紫铜锤 1 个、磁力表座				
7	刀具	规格（mm）	刀具材料	主轴转速（r/min）	进给速度（mm/min）	背吃刀量（mm）
		ϕ8 键槽铣刀 ϕ12 立铣刀	高速钢	500	120	0.5

续表

序号	名称/型号
8	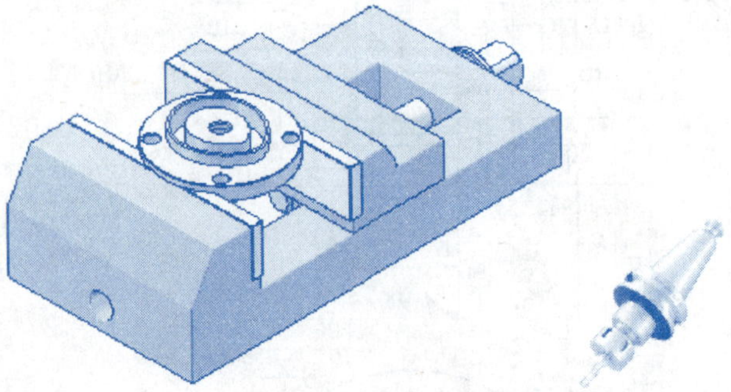 **工件与刀具装夹**

三、任务实施

用 FANHC 0i－M 数控系统加工凸轮的参考程序见表 3.5。

表 3.5　加工凸轮参考程序

O0001；	主程序
T2；	2 号刀在换刀位置上
G17 G21 G40；	加工准备
G00 G90 G54 X30.052 Y30.052；	*X*、*Y* 轴定位
M03 S1200；	主轴正转
G43 Z50. H01；	执行 1 号刀长度补偿
G81 Z－3. R3. F100.；	打中心孔
X－30.052；	
Y－30.052；	
X30.052；	
X0. Y0.；	
G80 M05；	
G00 Z100.；	*Z* 轴至安全高度
M06 T03；	换刀，3 号刀在换刀位置上
G00 G90 G54 X30.052 Y30.052；	*X*、*Y* 轴定位
M03 S950；	主轴正转
G43 Z50. H02；	执行 2 号刀长度补偿

续表

G83 Z－27. R3. Q6. F150.;	钻底孔
X－30.052;	
Y－30.052;	
X30.052;	
X0. Y0.;	
G80 M05;	
G00 Z100.;	*Z* 轴至安全高度
M06 T04;	换刀,4 号刀在换刀位置上
G00 G90 G54 X－50. Y－40.;	*X*、*Y* 轴定位
M03 S550;	主轴正转
G43 Z50. H03;	执行 3 号刀长度补偿
G00 Z5.;	*Z* 轴至安全高度
G01 Z－8. F120.;	外轮廓的粗加工
G41 G01 X－35. Y－5. D03;	
Y0.;	
G02 X－6.2 Y29.976 R30.;	
G02 X31.036 Y8.175 R40.;	
G02 Y－8.175 R18.;	
G02 X－6.2 Y－29.976 R40.;	
G02 X－35. Y0. R30.;	
G01 Y5.;	
G40 G01 X－50. Y40.;	
G00 Z100. M05;	*Z* 轴至安全高度
M06 T05;	换刀,5 号刀在换刀位置上
G00 G90 G54 X－28. Y0.;	*X*、*Y* 轴定位
M03 S650;	主轴正转
G43 Z50. H04;	执行 4 号刀长度补偿
G00 Z5.;	*Z* 轴至安全高度
G01 Z－15. F100;	内轮廓的粗加工
G02 X－5.92 Y22.982 R23.;	
G02 X24.8 Y4.996 R33.;	
G02 X24.8 Y－4.996 R11.;	
G02 X－5.92 Y－22.982 R33.;	
G02 X－28. Y0. R23.;	
G00 Z5.;	*Z* 轴至安全高度

续表

G00 X0. Y0.;	
G01 Z-21. F100.;	
G41 G01 X8.0 Y0. D04;	内孔的粗加工
G03 I-8.;	
G40 G01 X0. Y0.;	
G00 Z100. M05;	*Z* 轴至安全高度、停主轴
M06 T01;	换刀,1 号刀在换刀位置上
G00 G90 G54 X0. Y0.;	*X*、*Y* 轴定位
M03 S700;	主轴正转
G43 Z50. H05;	执行 5 号刀长度补偿
G00 Z5.;	*Z* 轴至安全高度
G01 Z-21. F100.;	
G41 G01 X8. Y0. D05;	内孔的精加工
G03 I-8.;	
G40 G01 X0. Y0.;	
G00 Z10.;	
G00 X-28. Y0.;	*Z* 轴至安全高度
G01 Z-15. F100.;	
G42 G01 X-33. Y0. D06;	
G02 X-6.12 Y27.978 R28.;	
G02 X29.255 Y7.267 R38.;	
G02 Y-7.267 R16.;	
G02 X-6.12 Y-27.978 R38.;	
G02 X-33. Y0. R28.;	
G40 G01 X-28. Y0.;	
G41 G01 X-23. Y0. D07;	内轮廓的精加工
G02 X-5.72 Y17.986 R18.;	
G02 X20.345 Y2.725 R28.;	
G02 Y-2.725 R6.;	
G02 X-5.72 Y-17.986 R28.;	
G02 X-23. Y0. R18.;	
G40 G01 X-28. Y0.;	
G00 Z10.;	

续表

G00 X-50. Y-30.;	
G01 Z-8. F100.;	
G41 G01 X-35. Y-5. D08;	
Y0.;	
G02 X-6.2 Y29.976 R30.;	
G02 X31.036 Y8.175 R40.;	外轮廓的精加工
G02 Y-8.175 R18.;	
G02 X-6.2 Y-29.976 R40;	
G02 X-35. Y0. R30.;	
G01 Y5.;	
G40 G01 X-50. Y30.;	
G00 Z100. M05;	*Z* 轴至安全高度、停主轴
M06;	换刀,1 号刀在主轴上
M30;	程序结束

四、任务分配

加工时间:300 分钟。
加工数量:1 件。

五、任务检测与评价

项目与配分		序号	技术要求	配分	评分标准	检测记录	得分
工件加工评分(80 分)	轮廓(65 分)	1	$10^{+0.02}_{0}$ mm	10	超差 0.01 mm 扣 1 分		
		2	$\phi16^{+0.012}_{0}$ mm	10	超差 0.1 mm 扣 1 分		
		3	$20^{+0.052}_{0}$ mm	10	超差 0.05 mm 扣 1 分		
		4	$R_a3.2$ μm	5	每错一处扣 2 分		
		5	*R*23 mm	5	不合格全扣		
		6	*R*11 mm	5	不合格全扣		
		7	*R*33 mm	5	不合格全扣		
		8	4×10 mm	5	不合格全扣		
		9	凸轮轮廓光滑	10	不合格全扣		
	其他(15 分)	10	工件按时完成	6	未按时完成全扣		
		11	工件无缺陷	6	每一处缺陷扣 1 分		
		12	$R_a6.3$ μm	3	每错一处扣 1 分		
程序与工艺(10 分)		13	程序正确合理	10	每错一处扣 1 分		
		14	加工工序卡		不合理每处扣 1 分		

续表

项目与配分	序号	技术要求	配分	评分标准	检测记录	得分
机床操作(10分)	15	机床操作规范	5	出错一次扣2分		
	16	工件、刀具装夹	5	出错一次扣2分		
安全文明生产(倒扣分)	17	安全操作	倒扣	发生安全事故停止操作或酌扣5~30分		
	18	机床整理	倒扣			

六、知识能力点的扩展

1. 常见故障的分类

数控机床由于自身原因不能正常工作就是产生了故障,机床故障可分为以下几种类型。

1)系统性故障和随机性故障

按故障出现的必然性和偶然性,故障可分为系统性故障和随机性故障。系统性故障是指机床和系统在某一特定条件下必然出现的故障,随机性故障是指偶然出现的故障。因此,随机性故障的分析与排除比系统性故障要困难。通常,随机性故障往往由机械结构局部松动、错位,控制系统中元器件出现工作特性漂移、工作可靠性下降等原因造成,需经反复试验和综合判断才能排除。

2)有诊断显示故障和无诊断显示故障

以诊断出现时有无自诊断显示,故障可分为有诊断显示故障和无诊断显示故障。现今的数控系统都有较丰富的自诊断功能,出现故障时会停机、报警,并自动显示相应报警参数号,使维护人员较容易找到故障原因。而无诊断显示故障一般是机床停在某一位置不能动,甚至手动操作也失灵,维护人员只能根据出现故障前后的现象来分析判断,排除故障难度较大。

3)破坏性故障和非破坏性故障

以故障有无破坏性,可分为破坏性故障和非破坏性故障。对于破坏性故障,如伺服失控造成撞车、短路烧坏熔丝等,维护难度大,有一定危险,修后不允许重演这些现象。而非破坏性故障可经过多次反复试验直至排除,不会对机床造成危害。

4)机床运动特性质量故障

这类故障发生后,机床照常运行,也没有任何报警显示,但加工出的工件不合格。针对这些故障,必须在检测仪器配合下,对机械、控制、伺服系统等采取综合措施。

5)硬件故障和软件故障

按发生故障的部位,可分为硬件故障和软件故障。硬件故障只要通过更换某些元器件即可排除;而软件故障是由于编程错误造成的,通过修改程序内容或修订机床参数就可排除。

2. 故障常规处理方法

加工中心出现故障,除少量自诊断功能可以显示的故障(如存储器报警、动力电源电压过高报警等)外,大部分故障是由综合因素引起,往往不能确定其具体原因,一般按以下步骤进行常规处理。

1)充分调查故障现场

机床发生故障后,维护人员应仔细观察寄存器和缓冲工作寄存器的尚存内容,了解已执行程序内容,向操作者了解现场情况和现象。当有诊断显示报警时,打开电气柜观察印制电路板上有无相应报警红灯显示。做完这些调查后，就可以按动数控机床上的复位键，观察系统复位后报警是否消除，如消除，则属于软件故障，否则即为硬件故障。对于非破坏性故障，可让机床再重演故障时运行状况，仔细观察故障是否再现。

2）将可能造成故障的原因全部列出

加工中心中造成故障的原因多种多样，有机械的、电气的、控制系统的，等等。此时，要将可能的故障原因全部列出来，以便排查。

3）逐步选择确定故障产生的原因

根据故障现象，参考机床有关维护使用手册列出的诸多原因，经优化选择、综合判断，找出导致故障的确定原因。

4）故障的排除

找到造成故障的确切原因后，就可以“对症下药”，修理、调整和更换有关元器件。

3. 常见机械故障的排除

1）进给传动链故障

由于导轨普遍采用滚动摩擦副，所以进给传动故障大部分是由运动质量下降造成的，如机械部件未达到规定位置、运行中断、定位精度下降、方向间隙过大等。此类故障可通过调整各运动副预紧力、调整松动环节、提高运动精度及调整补偿环节来排除。

2）机床回零故障

机床在返回基准点时发生超程报警、无减速动作，造成机床回零故障。此类故障一般是由减速信号没有输入到 CNC 系统造成的，可检查限位挡块及信号线进行故障排除。

3）自动换刀装置故障

此类故障较为常见，故障表现为刀库运动故障、定位误差过大、换刀动作不到位、换刀动作卡位、整机停止工作等。此类故障一般可通过检查汽缸压力、调整各限位开关位置、检查反馈信号线、调整与换刀动作相关的机床参数来排除。

4）机床不能运动或加工精度差

这是一些综合故障，出现此类故障时，可通过重新调整和改变间隙补偿、检查轴进给时有无爬行等方法来排除。

子任务五　用 FANUC 0i－M 系统加工槽轮

目标要求

1. 掌握坐标系旋转编程。
2. 按照图纸完成零件加工。

一、任务

本任务(见图3.13)需完成槽轮的外轮廓及 $4\times\phi18^{+0.021}_{0}$ mm 槽的粗、精加工。编程时,灵活地运用数控系统的坐标系旋转功能(G68/G60),减少程序段的数量。

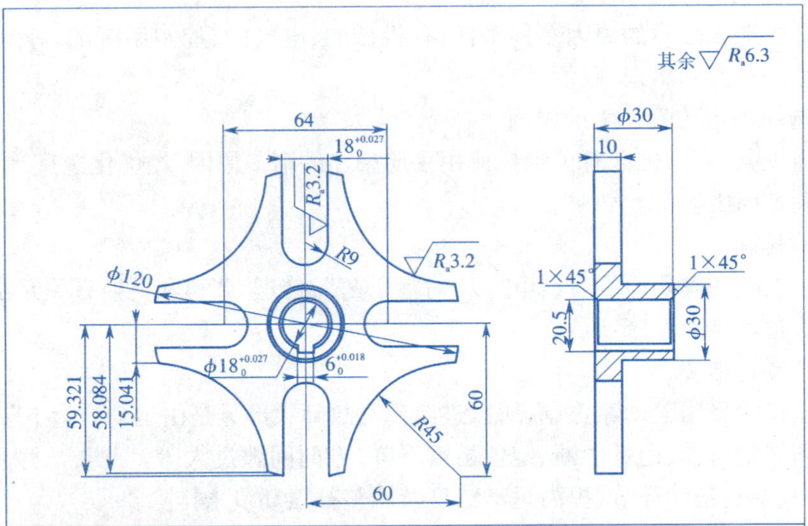

任务性质	工学结合件
产品名称	模切机
工件名称	槽轮
材　料	HT250

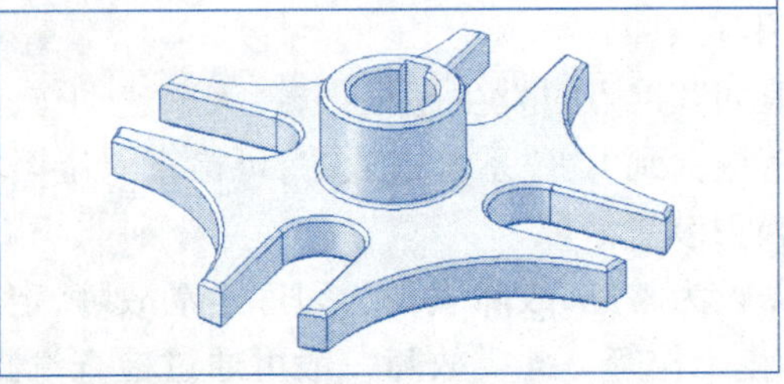

图3.13　槽轮

二、任务准备

序号	名称/型号					
1	设备	GSVM6540C 数控铣床/加工中心(FANUC 0i－M 数控系统)				
2	毛坯	已加工毛坯				
3	夹具	φ160 mm 三爪卡盘				
4	刀柄	40BT－ER32－70 弹簧夹头刀柄				
5	量具	0～150 mm 游标卡尺、18H7 mm 塞规、0～5 mm 百分表				
6	其他	等高垫铁1块、紫铜锤1个、磁力表座				
7	刀具	规格(mm)	刀具材料	主轴转速(r/min)	进给速度(mm/min)	背吃刀量(mm)
		φ12 立铣刀	高速钢	粗加工:700 精加工:1000	120	0.5

续表

序号	名称/型号
8	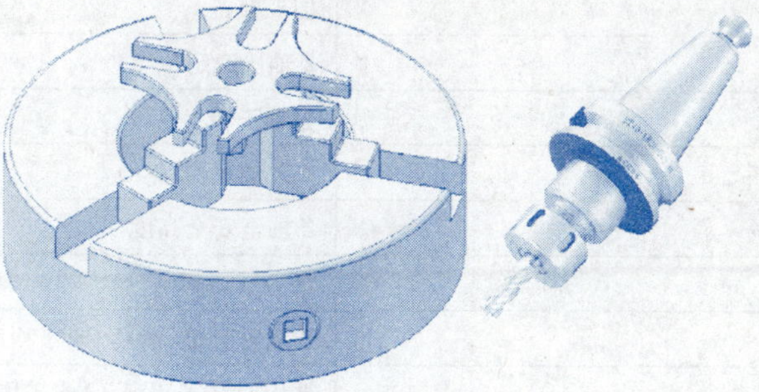 刀具与工件装夹

三、任务实施

粗加工调用子程序两次完成轮廓余量去除和轮廓高度尺寸加工。粗加工刀具半径补偿值 D01 =6.5 mm，精加工刀具半径补偿值 D02 =6 mm。基点坐标用 CAD 软件绘图求出，如图 3.14 所示。

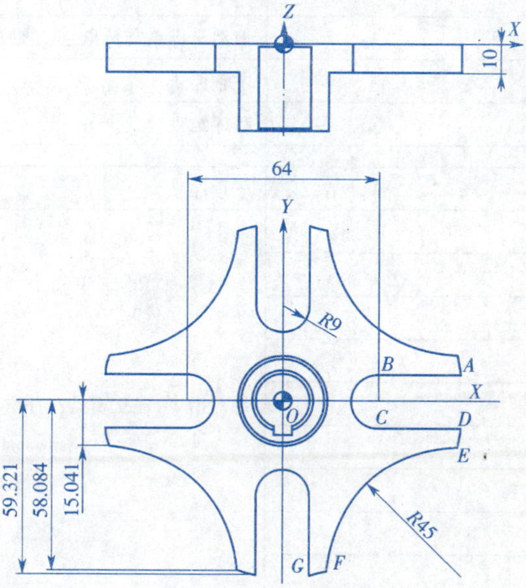

图 3.14　基点坐标

用 FANUC 0i－M 数控系统加工槽轮的参考程序见表 3.6。

表 3.6　加工槽轮参考程序

O80；	主程序
G17 G40 G69 G54；	加工准备
G0 G90 Z50；	*Z* 轴快速定位
M3 S700；	主轴正转
X70 Y0；	*X*、*Y* 轴定位
Z2；	*Z* 轴至安全高度
G1 Z－5 F500；	第一层切削
D1 M98 P81；	建立刀补值，调用 O8 子程序粗加工 *A*～*G* 轮廓
M98 P30082；	调用 O82 子程序 3 次，采用旋转指令粗加工另外三个轮廓
G69 G90 G1 Z－10.5 F500；	取消坐标系旋转指令、绝对指令，第二层铣削
M98 P81；	调用 O81 子程序粗加工 *A*～*G* 轮廓
M98 P30082；	调用 O82 子程序 3 次
G69；	取消坐标系旋转指令
D2 S1000；	重新建立刀补值，增大主轴转速 1 000 r/min
M98 P81；	调用子程序精加工
M98 P30082；	
G69 GO G90 Z100；	取消坐标系旋转指令，*Z* 轴返回
M5；	主轴停止
M30；	程序结束
O81；	子程序
G90 G1 G41 Y9 F120；	绝对指令，建立刀具左补偿，进行 *A*～*G* 轮廓加工
X30；	
G3 Y－9 R9；	
G1 X59.321；	
G2 X58.084 Y－15.041 R60；	
G3 X15.041 Y－58.084 R45；	
G2 X9 Y－59.321 R60；	
G1 X0；	
G40 Y－70；	
M99；	子程序结束并返回
O82；	子程序
G91 G68 X0 Y0 R－90；	坐标系顺时针旋转增量 90°
M98 P81；	调用 O81 子程序
M99；	子程序结束并返回

四、任务分配

加工时间:300 分钟。
加工数量:1 件。

五、任务检测与评价

项目与配分		序号	技术要求	配分	评分标准	检测记录	得分
工件加工评分(80 分)	轮廓(65 分)	1	$4\times18^{+0.027}_{0}$ mm	20	超差 0.01 mm 扣 1 分		
		2	$4\times R9$ mm	10	不合格扣 2 分		
		3	$\phi120$ mm	5	不合格扣 2 分		
		4	$4\times R45$ mm	5	不合格扣 2 分		
		5	2×60 mm	5	不合格扣 2 分		
		6	10 mm	5	不合格扣 2 分		
		7	$R_a3.2$ μm	5	每错一处扣 1 分		
		8	圆弧连接光滑	10	缺陷一处扣 1 分		
	其他(15 分)	9	工件按时完成	6	未按时完成全扣		
		10	工件无缺陷	6	缺陷一处扣 1 分		
		11	$R_a6.3$ μm	3	每错一处扣 1 分		
程序与工艺(10 分)		12	程序正确合理	10	每错一处扣 1 分		
		13	加工工序卡		不合理每处扣 1 分		
机床操作(10 分)		14	机床操作规范	5	出错一次扣 2 分		
		15	工件、刀具装夹	5	出错一次扣 2 分		
安全文明生产(倒扣分)		16	安全操作	倒扣	发生安全事故停止操作或酌扣 5~30 分		
		17	机床整理	倒扣			

六、相关知识

用 FANUC 0i-M 数控系统的坐标系旋转指令(G68/G69)可将工件旋转一个指定的角度。另外,如果工件的形状由许多相同的图形组成,则可将图形单元编成子程序,然后用主程序的旋转指令调用。这样可简化程序,节省时间和存储空间。

在 G17/G18/G19 指令有效时,编程格式如下:

$$\left\{\begin{matrix}G17\\G18\\G19\end{matrix}\right\}G68\quad \alpha\_\_\quad \beta\_\_\quad R\_\_;$$(坐标系开始旋转)

……　(坐标系旋转方式的程序段)

G69;　(坐标系旋转取消)

其中:α、β 表示旋转中心的绝对坐标值;R 表示旋转角度,单位是(°),0°≤R≤360°。

说明

1. 编程所取形状方位(水平或垂直)到实际形状方位之间的角度,“+”表示逆时针旋转,“-”表示顺时针旋转。

2. 先旋转后刀具补偿,先比例缩放后坐标系旋转。

3. 坐标系旋转取消指令(G69)后的第一个移动指令值必须由绝对值指定,否则将不执行正确的移动。

4. 在坐标系旋转指令之后,执行刀具半径补偿、刀具长度补偿和刀具偏置。

子任务六　用 HNC-21M 系统加工槽轮

一、任务

HNC-21M 数控系统的指令格式为:

G17 G68 X__ Y__ P__

G18 G68 X__ Z__ P__

G19 G68 Y__ Z__ P__

M98 P__

G69

其中:G68、G69 表示模态指令,可相互注销,G68 为缺省值;G68 表示建立旋转;G69 表示取消旋转;X、Y、Z 表示旋转中心的坐标值;P 表示旋转角度,单位是(°),0°≤P≤360°。

如图 3.15 所示,编写①的加工程序作为子程序,通过主程序修改旋转角度和调用,完成②和③的加工。

```
O0003
%1
……
M98 P2  (调用2#子程序加工①)
G68 X0 Y0 P45  (坐标系旋转45°)
M98 P2  (调用2#子程序加工②)
G68 X0 Y0 P90  (坐标系旋转90°)
M98 P2  (调用2#子程序加工③)
……
M30
%2  (子程序)
……
G2 X40 R10
X30 R50
```

G3 X20 R5

……

M99

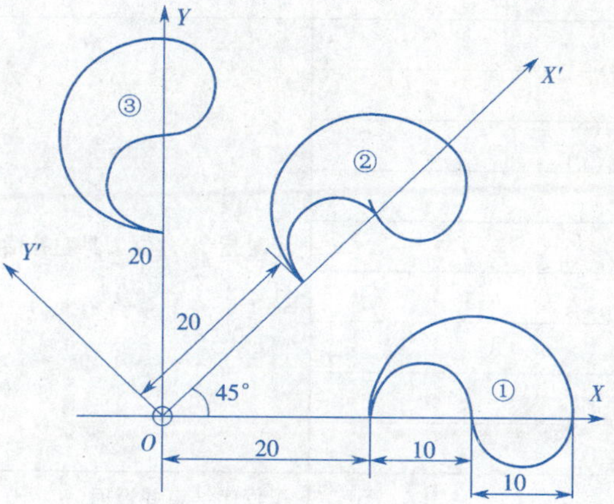

图 3.15　旋转变换功能

用 HNC－21M 数控系统加工槽轮的参考程序见表 3.7。

表 3.7　加工槽轮参考程序

OG68	文件名
%1	主程序
G17 G40 G69 G54	加工准备
G0 G90 Z50	Z 轴快速定位
M3 S700	主轴正转
X70 Y0	X、Y 轴定位
Z2	Z 轴至安全高度
G1 Z－5 F500	第一层切削
D1 M98 P81	调用 O81 子程序粗加工 $A \sim G$ 轮廓
M98 P0082 L3	调用 O82 子程序 3 次
G69 G90 G1 Z－10.5 F500	取消坐标系旋转指令、绝对指令，第二层铣削
M98 P81	调用 O81 子程序粗加工 $A \sim G$ 轮廓
M98 P0082 L3	调用 O82 子程序 3 次
G69	取消坐标系旋转指令
D2 S1000	重新建立刀补值，主轴转速 1 000 r/min
M98 P81	调用子程序精加工
M98 P0082 L3	
G69 G0 G90 Z100	取消坐标系旋转指令，Z 轴返回

续表

M5	主轴停止
M30	程序结束
%81	子程序
G90 G1 G41 Y9 F120	绝对指令，建立刀具左补偿，进行 $A \sim G$ 轮廓加工
X30	
G3 Y -9 R9	
G1 X59.321	
G2 X58.084 Y -15.041 R60	
G3 X15.041 Y -58.084 R45	
G2 X9 Y -59.321 R60	
G1 X0	
G40 Y -70	
M99	子程序结束并返回
%82	子程序
G68 X0 Y0 G91 P -90;	坐标系顺时针旋转，增量 90°
M98 P81	调用 O81 子程序
M99	子程序结束并返回

二、相关知识

1. 刀具耐用度

1）刀具耐用度的概念

刀具在刃磨后或新刀片的一个切削刃从开始切削一直到磨损量达到磨钝标准为止，所经过的总切削时间 T，称为刀具耐用度，单位为 min。注意：刀具耐用度 T 不包括对刀、测量、快进、回程等非切削时间。刀具耐用度是指刀具在规定的切削条件和时间内，能完成额定工作的概率。也就是刀具在已确定工作条件和切削规范下，能完成预定的切削时间而刀具未损坏的概率。

2）影响刀具耐用度的因素

（1）切削用量。切削用量三要素对刀具耐用度的影响程度为 v_c 最大，f 次之，a_p 最小。

（2）刀具几何参数。前角 γ_0 增大，切削力减小、切削温度降低，刀具耐用度提高；但前角太大，刀具强度降低，散热变差，刀具耐用度反而降低。主偏角 k_r 减小，刀尖强度提高，散热条件改善，刀具耐用度提高；但是主偏角 k_r 太小，径向分力 F_p 增大，当工艺系统刚性较差时，易引起振动。

（3）刀具材料。刀具材料的红硬性越高，刀具耐用度就越高。但是，在有冲击切削、重型切削和难加工材料切削时，影响刀具耐用度的主要因素为冲击韧性和抗弯强度。

（4）工件材料。工件材料的强度、硬度越高，产生的切削温度越高，刀具耐用度越低。

3）刀具耐用度的确定

合理刀具耐用度的确定原则是提高生产效率和降低加工成本。生产中常用刀具的耐用度参考值见表 3.8。

表 3.8　常用刀具的耐用度参考值

刀具类型	刀具耐用度 T 值(min
硬质合金面铣刀	120 ~ 180
高速钢钻头	80 ~ 120
齿轮刀具	200 ~ 300
硬质合金可转位刀片	15 ~ 30

选择刀具耐用度时,还应该考虑以下几点:

(1)复杂、高精度、多刃刀具耐用度应比简单、低精度、单刃刀具高;

(2)可转位刀具换刃、换刀片快捷方便,为保持刀刃锋利,刀具耐用度可选得低一些;

(3)精加工刀具切削负荷小,刀具耐用度应选得比粗加工刀具高一些;

(4)精加工大件时,为避免中途换刀,刀具耐用度应选得高一些;

(5)数控加工中的刀具耐用度一般应大于一个工作班,至少应大于一个零件的切削时间。

2. 刀片形状选择

刀片形状主要依据被加工工件的表面形状、切削方法、刀具寿命和刀片的转位次数等因素来选择。通常,刀尖角度与加工性能的关系如图 3.16 所示。

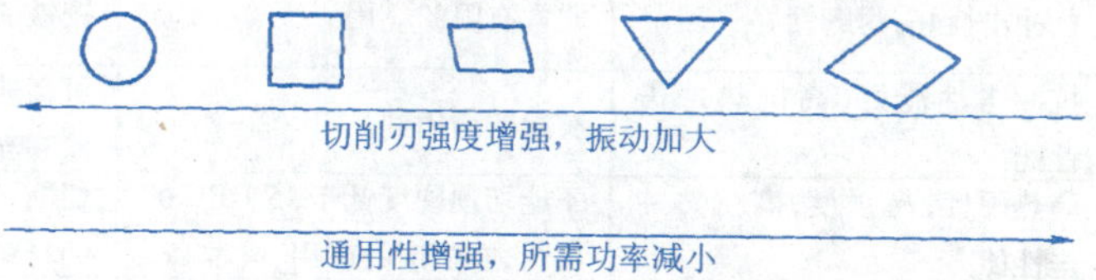

图 3.16　刀尖角度与加工性能关系

刀尖圆弧半径的大小直接影响刀尖的强度及被加工零件的表面结构。刀尖圆弧半径增大,表面结构值减小,切削力增大且易产生振动,切削性能变坏,但刀刃强度增加,刀具前后刀面磨损减少。通常在切深较小的精加工、细长轴加工、机床刚度较差情况下,选用刀尖圆弧半径较小的刀具;而在需要刀刃强度高、工件直径大的粗加工中,选用刀尖圆弧的刀具大。国家标准规定刀尖圆弧半径的尺寸系列为 0.2、0.4、0.8、1.2、1.6、2.0、2.4、3.2 mm。图 3.17(a)、图 3.17(b)分别表示刀尖圆弧半径与表面结构、刀具寿命的关系。刀尖圆弧半径一般宜选取进给量的 2 ~ 3 倍。

3. 高速切削刀具

随着高速切削刀具的使用,提高了切削速度、金属切除率,刀具的热硬性和刀具的磨损成为解决问题的关键。为了实现高速切削,必须有适合于高速切削的刀具材料和刀具制造技术来支持。

现在使用的金属切削刀具材料可分为 9 种,包括从切削速度最低、耐磨性能最差的高速钢到高速性能最好的聚晶金刚石(见表 3.9)。

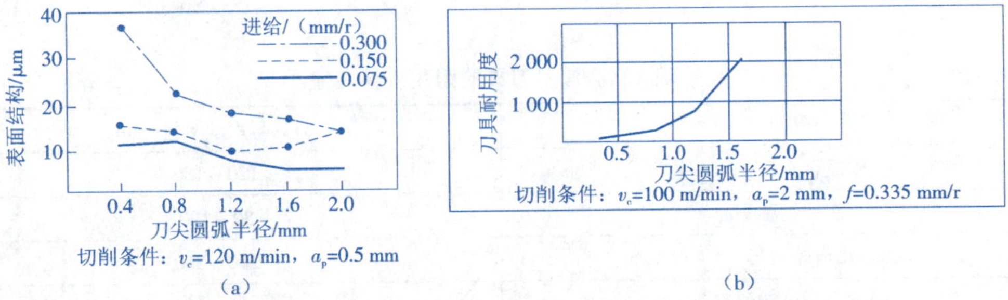

图 3.17　刀尖圆弧半径与表面结构、刀具寿命的关系

表 3.9　9 种切削材料的性能和应用范围

刀具材料		优　点	缺　点	典型应用
高速钢(HSS)		抗冲击能力强,通用性好	切速低,耐磨性差	低速、小功率和断续切削
硬质合金		通用性最好,抗冲击能力强	切削速度有限	大多数材料的粗、精加工,包括钢、铸铁、特殊材料和塑料
涂层硬质合金		通用性很好,抗冲击能力强,中速切削性能好	切削速度限制在中速范围	除切削速度比硬质合金高外,其他和硬质合金一样
金属陶瓷		通用性很好,中速切削性能好	抗冲击能力差,切削速度限制在中速范围	钢、铸铁、不锈钢和铝合金
陶瓷	陶瓷（热/冷压成形）	耐磨性好,可高速切削,通用性好	抗冲击能力差,抗热冲击性能也差	钢和铸铁的精加工,钢的滚压加工
	陶瓷（氮化硅）	抗冲击性好,耐磨性好	非常有限的应用	铸铁的粗、精加工
	陶瓷（晶须强化）	抗冲击性能好,高抗热冲击性能	有限的通用性	可高速粗、精加工硬钢淬火铸铁和高镍合金
立方氮化硼（CBN）		高热硬性,高强度,高抗热冲击性能	不能切削硬度低于 45 HRC 的材料,有限制的应用,成本高	切削硬度在 45 ~ 70 HRC 之间的材料
聚晶金刚石（PCD）		高耐磨性,高速性能好	抗冲击能力差,切削铁质金属化学稳定性差,有限的应用	高速粗切和精切有色金属和非金属材料

1)陶瓷材料铣刀

(1)陶瓷铣刀的主要类型如下。

①纯氧化铝(Al_2O_3)陶瓷刀片,俗称白陶瓷刀片。它的红硬性最好,能在很高的切削温度下铣削而不产生塑性变形和氧化,最适用于高速铣削。在加工低硬度(低于 35HRC)的钢和铸铁时,耐磨性好。因其横向断裂强度低,不适合铣削带有硬皮的毛坯和进行断续切削。它的抗振性很差,加工中不能使用切削液。它的后角为 0°,用负前角切削。

②氮化硅(Si_3N_4)基陶瓷刀片。它是以 Si_3N_4 为基体,加入少量的 Al_2O_3 和 V_2O_3 制成的刀片。具有良好的韧性、耐磨性、耐热性和抗振性,其耐磨性和化学稳定性比氧化铝基陶瓷稍低。可用于高速、大进给量和大背吃刀量的铣削。适用于加工冷硬铸铁、可锻铸铁、球墨铸铁、灰铸铁及带硬皮的铸铁,也可铣削铁基合金、镍基合金。可用于粗铣、精铣和断续铣削。这种材料的刀片可压制成负角刀片或正角刀片,用负前角或正前角进行铣削。

③混合(Al_2O_3 + TiC)陶瓷刀片,俗称黑陶瓷刀片。它是以 Al_2O_3 为基体,加入 30% 的 TiC

制成的，可提高其硬度和强度，可用于断续铣削。适用于加工冷硬铸铁、有硬皮的铸件、淬硬钢（35～65HRC）和合金钢。因其抗振性好，铣削时需连续供应充足的切削液。这种材料的刀片用负前角或正前角铣削。

④晶须增强（Al_2O_3·SiC 晶须）陶瓷刀片。它是以 Al_2O_3 为基体，加入特殊的 SiC 超微细晶须制成的，显著提高了刀片的强度和韧性，并远远超过其他陶瓷材料刀片。其耐磨性与抗振性良好，不易崩刃，适用于铣削球墨铸铁、冷硬铸铁及淬硬合金钢等，尤其适用于加工超耐热合金材料。铣削中可使用切削液。

（2）超硬刀具。超硬刀具材料是金刚石和立方氮化硼的统称，用于超精加工及硬脆材料加工。它可用来加工任何硬度的工件材料，包括淬火硬度达 65～67HRC 的工具钢，有很好的切削性能，切削速度比硬质合金刀具提高 10～20 倍，且切削时温度低。加工超硬材料时，工件表面结构的值很小，甚至可部分代替磨削加工。

2）数控铣削用刀具新技术

涂层技术是采用化学气相沉积（CVD）或物理气相沉积（PVD）的方法，在普通硬质合金刀片表面涂覆一薄层（5～12 μm）高耐磨性的难熔金属化合物来得到刀具材料的技术。在精加工后的高速钢刀具表面涂覆一层 2～6 μm 厚的高硬度、高熔点的耐磨材料（如 TiN、TiC、Al_2O_3 等），使刀具表面具有比基体高得多的硬度，较大地提高刀具的耐磨性，刀具使用寿命提高 2～10 倍，加工效率提高 50%～100%。

由于 PVD 工艺的涂层温度（300～500 ℃）低于高速钢的回火温度，涂层后的高速钢基体硬度不下降，刀具几何尺寸精度可控，因此发展应用很快。PVD 法主要采用 TiN 涂层工艺。涂层高速钢刀具适用于以下刀具。

（1）沿前刀面重磨的复杂刀具，如插齿刀、滚刀、成形刀具和拉刀等。其磨损主要发生在后刀面上，沿前刀面重磨后，保留了后刀面涂层，对刀具寿命的降低程度要比沿后刀面重磨小，比未涂层刀具的寿命提高 2 倍左右，经济上较为合理。

（2）用于制作加工难加工材料的刀具，如钻头、丝锥等。涂层高速钢刀具可直接加工调质中硬（≤42HRC）毛坯材料。

任务四　孔加工

目标要求

1. 掌握孔的加工特点和方法。
2. 掌握固定循环指令编程。

一、任务

通过本任务(见图4.1)的学习,掌握固定循环指令的格式与用法以及使用固定循环指令时要注意的问题,能运用相关知识加工中心孔、一般浅孔、深孔以及镗孔。

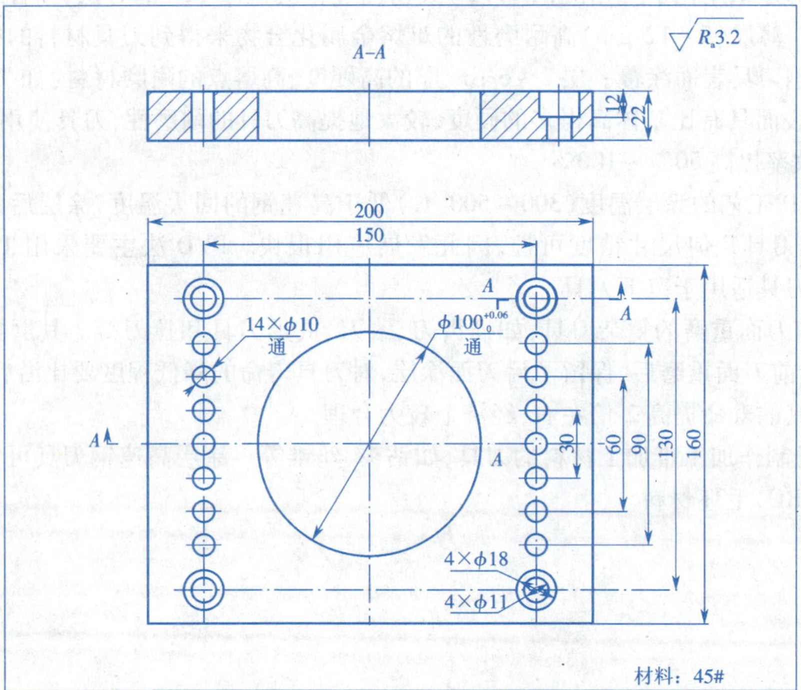

任务性质	工学结合件
产品名称	模切机
工件名称	模板
材　　料	45#

图4.1　模板

二、任务准备

序号	名称/型号					
1	设备	GSVM6540C 数控铣床/加工中心(FANUC 0i－M 数控系统)				
2	毛坯	200 mm×160 mm×22 mm				
3	夹具	QH－200 平口钳				
4	刀柄	40BT－ER32－70 弹簧夹头刀柄				
5	量具	0～300 mm 游标卡尺、0～5 mm 百分表				
6	其他	等高垫铁 2 块、紫铜锤 1 个、磁力表座				
7	刀具	规格(mm)	刀具材料	主轴转速(r/min)	进给速度(mm/min)	背吃刀量(mm)
		ϕ10 钻头 ϕ10 立铣刀	高速钢	800	160	(70%～80%)D

三、任务检测与评价

项目与配分		序号	技术要求	配分	评分标准	检测记录	得分
工件加工评分(80 分)	轮廓(65 分)	1	$\phi100^{+0.06}_{0}$ mm	22	超差不得分		
		2	14×ϕ10 mm	13	超差不得分		
		3	4×ϕ11 mm	14	超差不得分		
		4	4×ϕ18 mm	13	超差不得分		
		5	R_a3.2 μm	3	每错一处扣 1 分		
	其他(15 分)	6	工件按时完成	9	未按时完成全扣		
		7	工件无缺陷	6	缺陷一处扣 1 分		
程序与工艺(10 分)		8	程序正确合理	10	每错一处扣 1 分		
		9	加工工序卡		不合理每处扣 1 分		
机床操作(10 分)		10	机床操作规范	5	出错一次扣 2 分		
		11	工件、刀具装夹	5	出错一次扣 2 分		

四、任务实施

子任务一　用 FANUC 0i－M 系统加工孔

子任务二　用 HNC－21M 系统加工孔

子任务一　用 FANUC 0i－M 系统加工孔

一、任务

用 FANUC 0i－M 数控系统加工孔的参考程序见表 4.1。

表 4.1　加工孔参考程序

O0001;	主程序
T2;	2 号刀在换刀位置上

续表

G17 G21 G40;	加工准备
G00 G90 G54 X－75. Y65.;	X、Y 轴定位
M03 S1200;	主轴正转
G43 Z50. H01;	执行 1 号刀长度补偿
G81 Z－3. R3. F150.;	打中心孔
Y45.;	
Y30.;	
Y15.;	
Y0.;	
Y－15.;	
Y－30.;	
Y－45.;	
Y－65.;	
X75.;	
Y－45.;	
Y－30.;	
Y－15.;	
Y0.;	
Y15.;	
Y30.;	
Y45.;	
Y65.;	
X0. Y0.;	
G80 M05;	
G00 Z100.;	Z 轴至安全高度
M06 T03;	换刀,3 号刀在换刀位置上
G00 G90 G54 X－75. Y45.;	X、Y 轴定位
M03 S950;	主轴正转
G43 Z50. H02;	执行 2 号刀长度补偿
G83 Z－28. R3. Q5. F150.;	加工 14×ϕ10 mm 通孔
Y30.;	
Y15.;	
Y0.;	
Y－15.;	
Y－30.;	
Y－45.;	

续表

X75.;	
Y－30.;	
Y－15.;	
Y0.;	
Y15.;	加工 14×ϕ10 mm 通孔
Y30.;	
Y45.;	
X0. Y0.;	
G80 M05;	
G00 Z100.;	*Z* 轴至安全高度
M06 T04;	换刀,4 号刀在换刀位置上
G00 G90 G54 X－75. Y65.;	*X*、*Y* 轴定位
M03 S900;	主轴正转
G43 Z50. H03;	执行 3 号刀长度补偿
G83 Z－30. R3. Q5. F150.;	
Y－65.;	
X75.;	加工 4×ϕ11 mm 通孔
Y65.;	
G80 M05;	
G00 Z100.;	*Z* 轴至安全高度
M06 T05;	换刀,5 号刀在换刀位置上
G00 G90 G54 X－75. Y65.;	*X*、*Y* 轴定位
M03 S450;	主轴正转
G43 Z50. H04;	执行 4 号刀长度补偿
G81 Z－12. R3. F100.;	
Y－65.;	
X75.;	加工 4×ϕ18 mm 的沉孔
Y65.;	
G80;	
G00 X0. Y0.;	*X*、*Y* 轴定位
G00 Z5.;	*Z* 轴至安全高度
G01 Z－23. F100.;	
G01 X25.;	
G02 I－25.;	ϕ100 mm 通孔的粗加工
G01 X40.;	
G02 I－40.;	

续表

G00 Z100. M05;	Z 轴至安全高度、停主轴
M06 T01;	换刀,1 号刀在换刀位置上
G00 G90 G54 X0. Y0.;	X、Y 轴定位
M03 S650;	主轴正转
G43 Z50. H05;	执行 5 号刀长度补偿
G00 Z5.;	Z 轴至安全高度
G01 Z-23. F120.;	ϕ100 mm 通孔的精加工
G42 G01 X50. Y0. D05;	
G02 I-50.;	
G40 G01 X0. Y0.;	
G00 Z100. M05;	Z 轴至安全高度、停主轴
M06;	换刀,1 号刀在主轴上
M30;	程序结束

二、相关知识

FANUC 0i-M 数控系统固定循环加工指令的功能及说明如下。

1. 功能

一般来说,在数控加工中一个动作就应编制一个程序段。但是在孔加工时,往往需要快速接近工件、以进给速度进行孔加工及加工完成后快速返回等固定动作。虽然用 G00、G01 和 G04 等 G 功能指令可以编写孔的加工程序,但程序编写比较麻烦,程序段内容多。而固定循环指令可以用一个程序段完成一个孔加工的全部动作,使编程变得容易,大大缩短了程序段内容,节省了存储空间,使孔的加工更加方便。固定循环主要包括钻孔、镗孔、攻螺纹等功能,固定循环指令见表 4.2。

表 4.2 固定循环指令

G 代码	钻削(-Z 方向)	在孔底的动作	回退(+Z 方向)	应用
G73	间歇进给	—	快速移动	高速深孔钻循环
G74	切削进给	停刀→主轴正转	切削进给	左旋攻螺纹循环
G76	切削进给	主轴定向停止	快速移动	精镗循环
G80	—	—	—	取消固定循环
G81	切削进给	—	快速移动	钻孔循环、点钻循环
G82	切削进给	停刀	快速移动	钻孔循环、锪镗循环
G83	切削进给	—	快速移动	深孔钻循环
G84	切削进给	停刀→主轴正转	切削进给	攻螺纹循环
G85	切削进给	—	切削进给	镗孔循环
G86	切削进给	主轴停止	快速移动	镗孔循环

续表

G 代码	钻削（－Z 方向）	在孔底的动作	回退（＋Z 方向）	应用
G87	切削进给	主轴正转	快速移动	背镗循环
G88	切削进给	停刀→主轴停止	手动移动	镗孔循环
G89	切削进给	停刀	切削进给	镗孔循环

2. 说明

固定循环由 6 个顺序的动作组成（见图 4.2）。

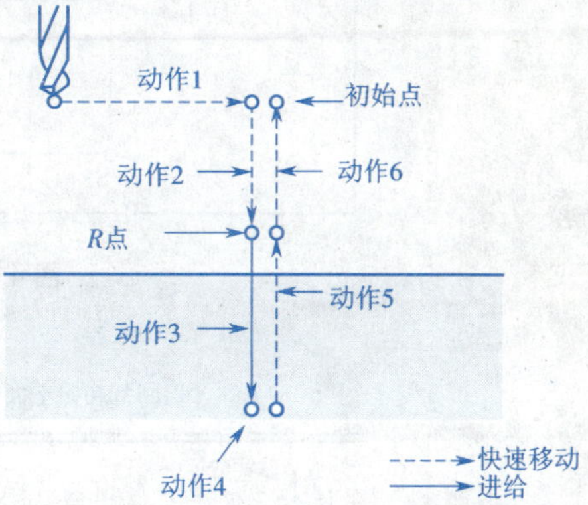

图 4.2　固定循环动作顺序

动作 1：X 轴和 Y 轴的定位（还可包括另一个轴）。

动作 2：快速移动到 R。

动作 3：孔加工。

动作 4：在孔底的动作。

动作 5：返回到 R。

动作 6：快速移动到初始平面。

1）定位平面

定位平面由平面选择代码 G17、G18 或 G19 决定。定位轴是除了钻孔轴以外的轴。

2）钻孔轴

钻孔轴根据 G 代码（G73～G89）程序段中指令的轴地址确定（基本轴或其平行轴）。如果没有对钻孔轴指定轴地址，则认为基本轴是钻孔轴。

G 代码对应的定位平面和钻孔轴的设定见表 4.3。

表 4.3　定位平面和钻孔轴

G 代码	定位平面	钻孔轴
G17	X_p—Y_p 平面	Z_p
G18	Z_p—X_p 平面	Y_p
G19	Y_p—Z_p 平面	X_p

3）注意点

在取消固定循环以后，才能切换钻孔轴。在参数中可以设定 Z 轴总是用做钻孔轴。

（1）沿着钻孔轴的移动距离，G90 和 G91 变化如图 4.3 所示。

（2）G73、G74、G76 和 G81～G89 是模态 G 代码，直到被取消之前一直保持有效。当有效时，当前状态是钻孔方式。一旦在钻孔方式下钻孔数据被指定，数据被保持到被修改或清除。

（3）返回点平面（G98/G99）。当刀具到达孔底后，刀具可以返回到 R 点平面或初始位置平面，由 G98 和 G99 指定。图 4.4 所示为 G98 或 G99 指定时的刀具移动。

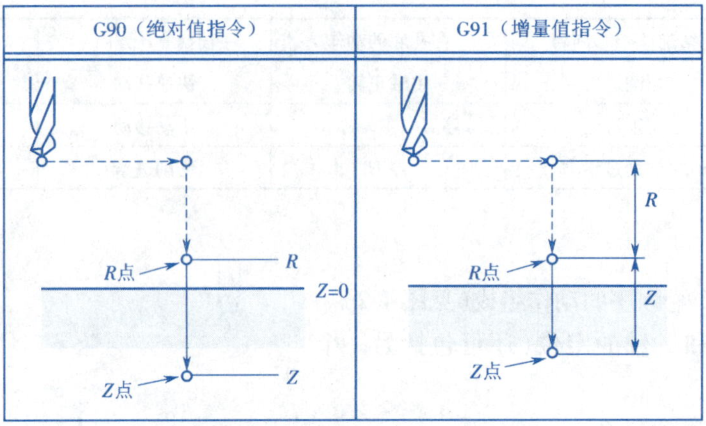

图 4.3　G90 和 G91 变化

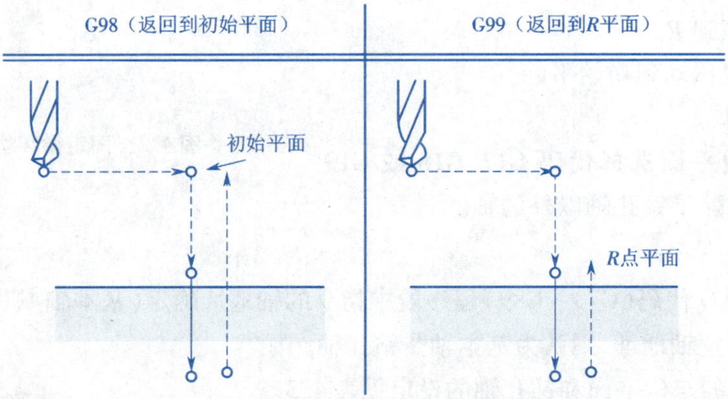

图 4.4　G98 和 G99 指定时的刀具移动

(4)重复在 K 中指定重复次数，对等间距孔进行重复钻孔。K 仅在被指定的程序段内有效。以增量值方式(G91)指定第一孔位置，如果用绝对值方式(G90)指定的话，则在相同位置重复钻孔。重复次数 K 的最大指令值为 9999。如果指定 K0，钻孔数据被存储，但不执行钻孔。

(5)取消。使用 G80 或 01 组 G 代码，可以取消固定循环。01 组 G 代码如下。

G00：定位快速移动。

G01：直线插补。

G02：圆弧插补或螺旋线插补(CW)。

G03：圆弧插补或螺旋线插补(CCW)。

G60：单方向定位(当 MDL(参数№5431#0)设为 1 时)。

(6)图中的符号。各个固定循环解释图中会用到图 4.5 所示的符号。

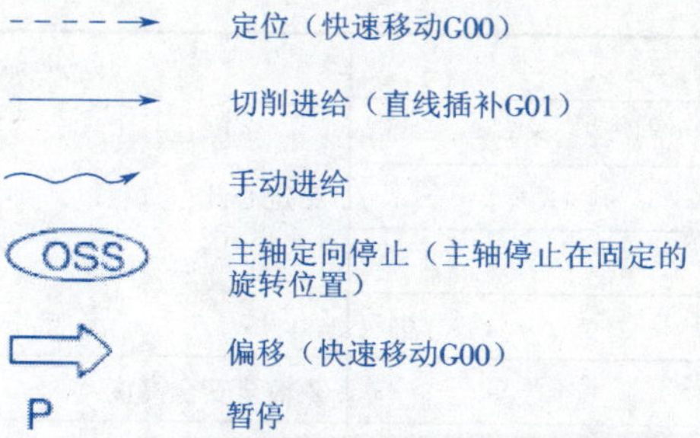

图 4.5　固定循环图中所用符号注释

子任务二　HNC－21M 系统加工孔

一、任务

用 HNC－21M 华中数控系统加工孔的参考程序见表 4.4。

表 4.4　加工孔参考程序

OHOLD	文件名
%1	程序名
T1 M6	换 1 号刀
G17 G21 G40 G56	加工准备
G00 G90 G54 X－75 Y65	*X*、*Y* 轴定位
M03 S1200	主轴正转
G43 Z50 H01	执行 1 号刀长度补偿
G81 Z－3 R3　F150.	钻定心孔
Y45	
Y30	
Y15	
Y0	
Y－15	
Y－30	
Y－45	
Y－65	
X75	
Y－45	
Y－30	
Y－15	
Y0	
Y15	

续表

Y30	钻定心孔
Y45	
Y65	
X0 Y0	
G80 M05	
G00 Z100	Z 轴至安全高度
T02 M06	换 2 号刀
G00 G90 G54 X-75 Y45	X 、Y 轴定位
M03 S950	主轴正转
G43 Z50 H02	执行 2 号刀长度补偿
G83 Z-28 R3 Q-5 K1 F150	加工 14 × ϕ10 mm 通孔
Y30	
Y15	
Y0	
Y-15	
Y-30	
Y-45	
X75	
Y-30	
Y-15	
Y0	
Y15	
Y30	
Y45	
X0 Y0	
G80 M05	
G00 Z100	Z 轴至安全高度
T3 M6	换 3 号刀
G00 G90 G54 X-75 Y65	X 、Y 轴定位
M03 S900	主轴正转
G43 Z50 H03	执行 3 号刀长度补偿
G83 Z-30 R3 Q-5 K3 F150	加工 4 × ϕ11 mm 通孔
Y-65	
X75	
Y65	
G80 M05	

续表

G00 Z100	Z 轴至安全高度
T4 M06	换 4 号刀
G00 G90 G54 X -75 Y65	X、Y 轴定位
M03 S450	主轴正转
G43 Z50 H04	执行 4 号刀长度补偿
G81 Z -12 R3 F100	加工 4×ϕ18 mm 沉孔
Y -65	
X75	
Y65	
G80	
G00 X0 Y0	X、Y 轴定位
G00 Z5	Z 轴至安全高度
G01 Z -23 F100	ϕ100 mm 通孔的粗加工
G01 X25	
G02 I -25	
G01 X40	
G02 I -40	
G00 Z100 M05	Z 轴至安全高度、停主轴
T05 M06	换 5 号刀
G00 G90 G54 X0 Y0	X、Y 轴定位
M03 S650	主轴正转
G43 Z50 H05	执行 5 号刀长度补偿
G00 Z5	Z 轴至安全高度
G01 Z -23 F120	ϕ100 mm 通孔的精加工
G42 G01 X50 Y0 D05	
G02 I -50	
G40 G01 X0 Y0	
G00 Z100 M05	Z 轴至安全高度、停主轴
M30	程序结束

二、相关知识

华中 HNC -21M 数控系统固定循环指令的指令格式：

G90/G91 G98/G99 G73 ~ G89 X _ Y _ Z _ R _ Q _ P _ I _ J _ K _ F _ L _

各指令及字母表示的意义如下。

(1) G90/G91 表示绝对/相对方式，固定循环指令中地址 X、Y、Z 及 R 的数据指定与其有关。在采用绝对方式时，X、Y 表示孔的位置坐标，Z、R 统一取终点坐标值；在采用相对方式时，X、Y 表示孔位相对于当前点的相对坐标值，Z 表示孔底坐标相对于 R 点的相对坐标值，R

表示 R 点相对初始点的相对坐标值。

(2) G98/G99 表示孔切削进给结束后,刀具返回时到达的平面。G98 指令返回到初始平面,G99 指令返回到 R 点平面。

(3) G73 ~ G89 为固定循环指令,规定孔加工方式,加工时根据具体要求选择。

(4) Q 表示每次加工的深度,Q 值始终是增量值,用负值表示(在 G73 与 G83 指令中使用)。

(5) P 表示刀具在孔底的暂停时间,单位为秒(s)。

(6) I/J 表示刀具在轴反向时位移增量,可用固定循环指令 G76/G87 完成操作。

(7) K 表示每次退刀距离,为正值,一般在 2 mm 左右。

(8) F 表示切削进给速度,也可表示螺纹导程,可用固定循环指令 G74/G84 完成操作。

(9) L 表示固定循环的重复次数。

任务五 综合加工

目标要求

1. 掌握复杂零件的加工工艺。
2. 掌握箱体零件的加工工艺。
3. 掌握宏程序的编写方法。
4. 掌握胎具的设计方法。

任务实施

子任务一 用 FANUC 0i – M 系统加工电机支架
子任务二 用 FANUC 0i – M 系统加工导动板

子任务一 用 FANUC 0i – M 系统加工电机支架

目标要求

1. 掌握箱体类零件的工艺处理。
2. 掌握电机支架的编程方法。
3. 掌握箱体类零件胎具的设计方法。

一、任务

电机支架(见图 5.1)是 CK6132 – Ⅱ数控车床 Z 轴伺服电机的支撑部件,结构比较复杂,属于箱体类零件。平口钳等通用夹具不能满足其装夹要求,所以设计了"二、任务准备"中所示的工件装夹。在认真阅读图纸后,合理地安排加工工艺,正确选择刀具、切削用量,编写、输入、校验程序,完成零件的加工。

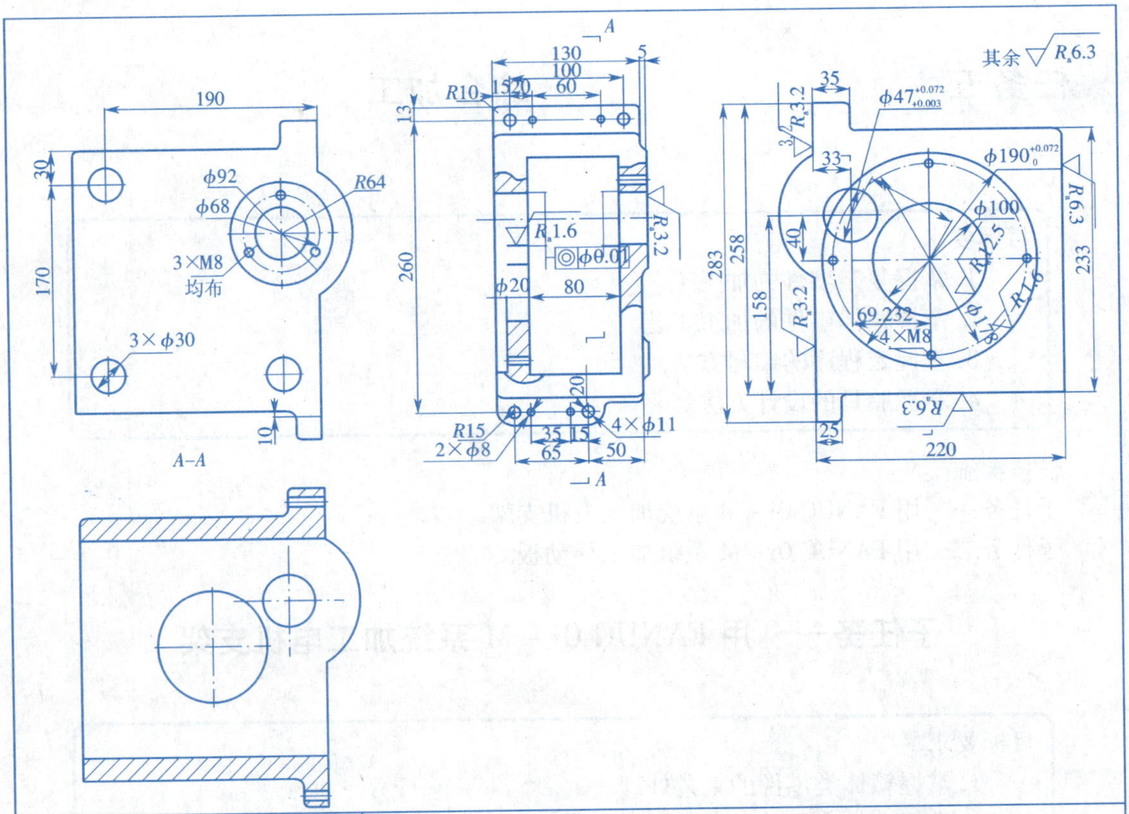

任务性质	工学结合件	
产品名称	CK6132-Ⅱ数控车床	
工件名称	电机支架	
材料	HT200	

图 5.1　电机支架

二、任务准备

序号	名称/型号	
1	设备	GSVM6540C 数控铣床/加工中心（FANUC 0i－M 数控系统）
2	毛坯	铣床已加工毛坯
3	夹具	工艺胎板
4	刀柄	40BT－ER32－70 弹簧夹头刀柄

续表

序号	名称/型号					
5	量具	0～300 mm 游标卡尺、0～5 mm 百分表				
6	其他	等高垫铁 1 块、紫铜锤 1 个、磁力表座				
7	刀具	规格(mm)	刀具材料	主轴转速(r/min)	进给速度(mm/min)	背吃刀量(mm)
		ϕ16 键槽铣刀	高速钢	500	120	0.5
8	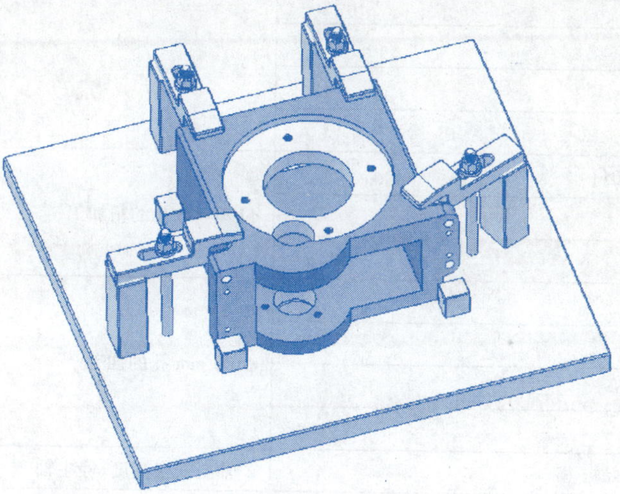 工件装夹					

三、任务实施

用 FANUC 0i－M 数控系统加工电机支架的参考程序见表 5.1。

表 5.1　加工电机支架参考程序

O0001；	主程序
T2；	2 号刀在换刀位置上
G17 G21 G40 G80；	加工准备
G00 G90 G54 X0. Y0.；	*X*、*Y* 轴定位
M03 S550；	主轴正转
G43 Z50. H01；	执行 1 号刀长度补偿
G00 Z5.；	*Z* 轴至安全高度

续表

G01 Z－10. F500.;	ϕ190 mm 孔的粗加工
G01 X50. F120.;	
G02 I－50.;	
G01 X68.;	
G02 I－68.;	
G01 X86.;	
G02 I－86.;	
G01 X94.;	
G02 I－94.;	
G42 G01 X95. Y0. D01;	ϕ190 mm 孔的精加工
G02 I－95.;	
G40 G01 X0. Y0.;	
G01 Z－33. F120.;	ϕ100 mm 孔的加工
G01 X40.;	
G02 I－40.;	
G01 X0. Y0.;	
G00 Z100. M05;	Z 轴至安全高度、停主轴
M06 T03;	换刀，3 号刀在换刀位置上
G00 G90 G54 X85. Y0.;	X、Y 轴定位
M03 S1200;	主轴正转
G43 Z50. H02;	执行 2 号刀长度补偿
G81 Z－13. R－6. F150.;	打中心孔
X0. Y85.;	
X－85. Y0.;	
X0. Y－85.;	
G80 M05;	取消固定循环
G00 Z100.;	Z 轴至安全高度
M06 T05;	换刀，5 号刀在换刀位置上
G00 G90 G54 X85. Y0.;	X、Y 轴定位
M03 S950;	主轴正转
G43 Z50. H03;	执行 3 号刀长度补偿
G83 Z－38. R－6. Q5. F120.;	钻底孔
X0. Y85.;	
X－85. Y0.;	
X0. Y－85.;	
G80 M05;	

续表

G00 Z100.;	Z 轴至安全高度
M06 T04;	换刀,4 号刀在换刀位置上
G00 G90 G54 Z－69.282 Y40.;	X、Y 轴定位
M03 S450;	主轴正转
G43 Z50. H05;	执行 5 号刀长度补偿
G81 Z－132. R3. F80.; G80 M05;	ϕ47 mm 孔的粗加工
G00 Z100.;	Z 轴至安全高度
M06 T06;	换刀,6 号刀在换刀位置上
M00;	暂停
G95;	转进给,单位:mm/r
G00 G90 G54 X85. Y0.;	X、Y 轴定位
M03 S200;	主轴正转
G43 Z50. H04;	执行 4 号刀长度补偿
G84 Z－40. R－6. F1.25; G80 M05;	加工螺纹孔
G00 Z100.;	Z 轴至安全高度
M06 T01;	换刀,1 号刀在换刀位置上
G94;	分进给,单位:mm/min
G00 G90 G54 X－69.282 Y40.;	X、Y 轴定位
M03 S450;	主轴正转
G43 Z50. H06;	执行 6 号刀长度补偿
G76 Z－131. R3. Q0.2 F80.; G80 M05;	ϕ47 mm 孔的精加工
G00 Z100.;	Z 轴至安全高度
M06;	换刀,1 号刀在主轴上
M30;	程序结束

四、任务分配

加工时间:300 分钟。
加工数量:1 件。

五、任务检测与评价

项目与配分		序号	技术要求	配分	评分标准	检测记录	得分
工件加工评分（80 分）	轮廓（65 分）	1	$\phi190^{+0.072}_{0}$ mm	15	超差 0.02 mm 扣 5 分		
		2	$\phi100$ mm	15	超差 0.1 mm 扣 3 分		
		3	$2\times\phi47^{+0.067}_{-0.013}$ mm	15	超差 0.05 mm 扣 5 分		
		4	10 mm	10	超差 0.05 mm 扣 5 分		
		5	$R_a3.2$ μm	10	每错一处扣 1 分		
	其他（15 分）	6	工件按时完成	6	未按时完成全扣		
		7	工件无缺陷	6	每一处缺陷扣 1 分		
		8	$R_a6.3$ μm	3	每错一处扣 1 分		
程序与工艺（10 分）		9	程序正确合理	10	每错一处扣 1 分		
		10	加工工序卡		不合理每处扣 1 分		
机床操作（10 分）		11	机床操作规范	5	出错一次扣 2 分		
		12	工件刀具装夹	5	出错一次扣 2 分		
安全文明生产（倒扣分）		13	安全操作	倒扣	发生安全事故停止操作或酌扣 5 ~ 30 分		
		14	机床整理	倒扣			

六、知识能力点的扩展

箱体类零件是机器或部件的基础零件，它承载着轴、轴承、齿轮等有关零件，连接成部件或机器，因此箱体零件的加工质量至关重要，它影响机器的装配精度、工作精度、使用性能和寿命。

1. 箱体加工定位基准的选择

1）粗基准的选择

粗基准的选择主要影响零件两个方面，即零件上加工表面与不加工表面的位置和加工表面的余量分配。毛坯上已预铸出孔，要求它的加工余量均匀。由于铸造时内壁和轴孔是用同一个型芯浇铸的，以轴孔为粗基准可同时满足上述两方面的要求，因此实际生产中，一般以轴孔为粗基准划线，即以轴孔为粗基准划加工平面的线，加工时按线找正装夹工件，即粗基准是以划线基准来体现的。

2）精基准的选择

选择精基准主要是为能保证加工精度，所以一般优先采用基准重合原则，选设计基准为精基准。

2. 箱体加工顺序的安排

箱体机械加工顺序的安排一般应遵循以下原则。

1）先基准面，后其他面

箱体加工顺序的一般规律是先加工精基准面、后加工其他面，也称为基准先行原则。先用粗基准定位加工出精基准面，从而可以为下一步加工提供一个精确、可靠的定位基准面。

2）先面后孔

箱体加工顺序的一般规律是先加工平面，后加工孔。先加工平面，可以为孔加工提供可靠的定位基准，再以平面为精基准定位加工孔。由于箱体上的孔分布在平面上，先加工平面可以去除铸件毛坯表面的凹凸不平、夹砂等缺陷，对孔加工有利，如可减小钻头的歪斜，可防止刀具崩刃，同时对刀调整也方便。

3）先安排粗加工，后安排精加工

粗加工切除的金属层较厚，切削力和夹紧力都比较大，切削温度也比较高，将会引起较大的变形；精加工主要目标是全面保证加工质量，保证各主要表面达到规定的尺寸精度和表面结构要求。如果不划分加工阶段，粗、精加工混在一起，就无法避免粗加工时引起的加工误差。

4）先主后次

箱体上用于紧固的螺孔、小孔等可视为次要表面。因为这些次要孔往往需要依据主要表面（轴孔）定位，所以这些螺孔的加工应在轴孔加工后进行。对于次要孔与主要孔相交的孔系，必须先完成主要孔的精加工，再加工次要孔；否则，会使主要孔的精加工产生断续切削和振动，影响其加工质量。

3. 孔系的数控加工

加工中心的自动换刀系统使得一次装夹可完成钻、扩、铰、镗、铣、攻螺纹等加工，减少了装夹次数，实行工序集中的原则，提高了生产率。

各类孔的加工方案见表5.2。

表5.2　各类孔的加工方案

通孔	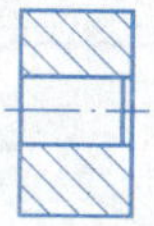			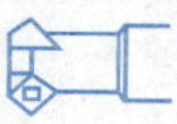		钻孔→扩孔→倒角→铰孔 该方法适用于孔位置精度不高的中小孔，孔的直线度精度也不高，但具有孔径一致性好、加工方便的优点
	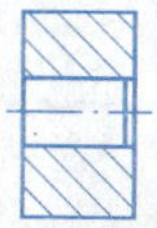					钻孔→镗孔→倒角→铰孔 该方法适用于孔的尺寸及位置精度较高的孔，通孔镗刀的镗削加工能保证孔的直线度及位置精度
	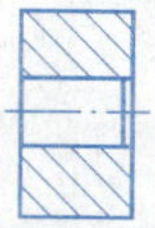			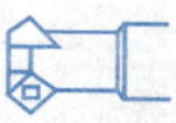		钻孔→扩孔→倒角→精镗孔 该方法适用于高精度孔，经过多次精镗，孔的位置、形状等精度都能得到很好的保证
盲孔	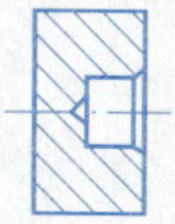			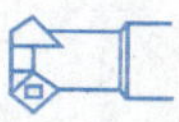		钻孔→平底钻扩孔→倒角→精镗孔 该方法适合于小孔径的盲孔，为确保孔底的平整，可用平底钻或铣刀加工孔底
	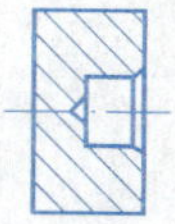					钻孔→铣孔→倒角→精镗孔 该方法适用于较大孔径的平底孔，孔底可用类似型腔底的加工方法铣削完成，孔侧面留有精加工余量，孔底精加工完成后，精镗孔壁

续表

	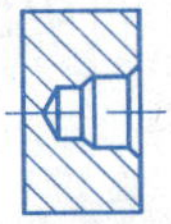			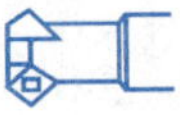		钻孔→平底钻加工台阶→倒角→镗孔 阶梯孔的台阶处可用平底钻直接加工，倒角后精镗大孔
阶梯孔	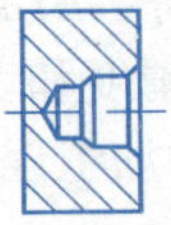			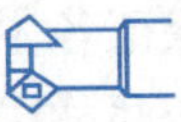		钻孔→镗刀加工台阶→倒角→镗孔 若台阶较浅、较宽，可用铣刀精加工台阶，而且加工精度高
	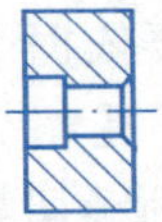					钻孔→铣孔→倒角→精镗孔 加工背孔时，镗刀要先沿刀尖反方向偏一段距离，镗刀穿过零件后复位，Z 轴反向进给加工背孔
螺纹孔	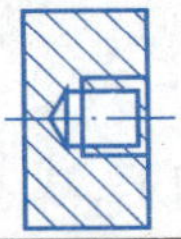					钻孔→倒角→攻螺纹

子任务二　用 FANUC 0i - M 系统加工导动板

目标要求

1. 掌握复杂零件的加工工艺处理。
2. 掌握非圆曲线的加工。
3. 能够正确使用宏程序编程。

一、任务

加工如图5.2 所示的模切机上的导动板。

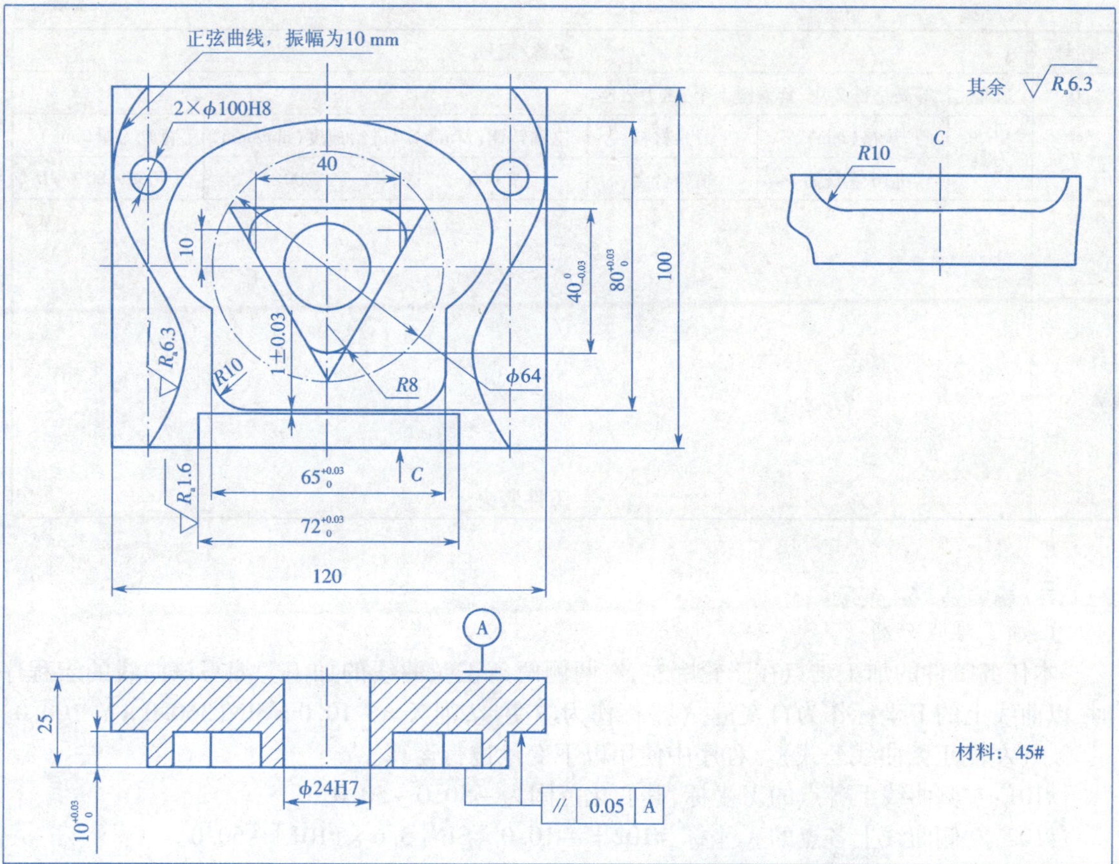

任务性质	工学结合件
产品名称	模切机
工件名称	导动板
材　　料	45#

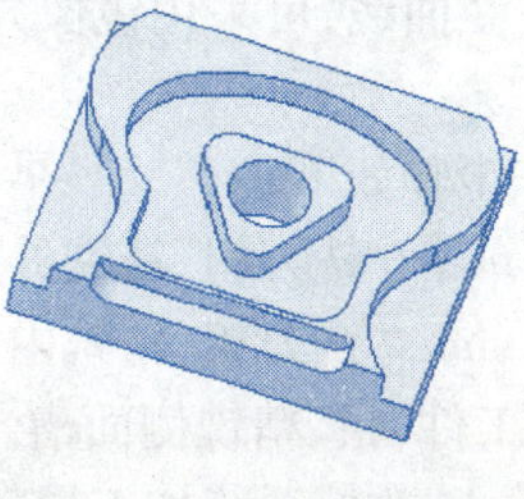

图 5.2　导动板

二、任务准备

序号	名称/型号	
1	设备	GSVM6540C 数控铣床/加工中心 FANUC 0i－M 数控系统
2	毛坯	120 mm×100 mm×26 mm
3	夹具	QH－160 平口钳
4	刀柄	40BT－ER32－70 弹簧夹头刀柄
5	量具	0～150 mm 游标卡尺、25～50 mm 千分尺、0～5 mm 百分表

续表

<table>
<tr><td>序号</td><td colspan="6">名称/型号</td></tr>
<tr><td>6</td><td>其他</td><td colspan="5">等高垫铁 2 块、紫铜锤 1 个、磁力表座</td></tr>
<tr><td rowspan="2">7</td><td rowspan="2">刀具</td><td>规格(mm)</td><td>刀具材料</td><td>主轴转速(r/min)</td><td>进给速度(mm/min)</td><td>背吃刀量(mm)</td></tr>
<tr><td>ϕ16 立铣刀</td><td>硬质合金</td><td>2 000</td><td>200</td><td>(70% ~80%)D</td></tr>
<tr><td>8</td><td colspan="6">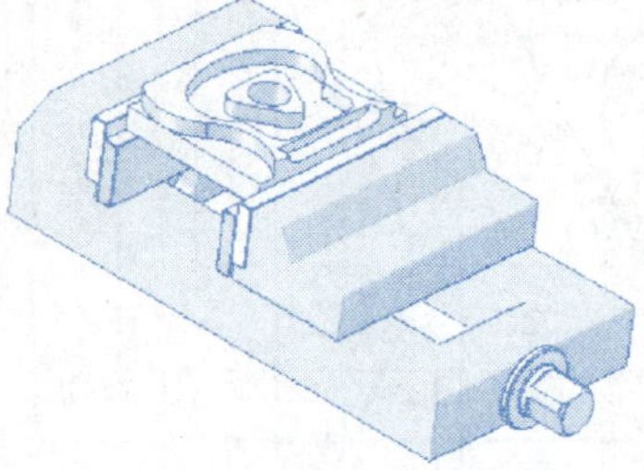
工件装夹</td></tr>
</table>

三、任务实施

1. 加工难点分析

本任务工件的加工难点在于轮廓左、右两侧两条正弦曲线的加工。编写该曲线的宏程序时，以曲线上的 Y 坐标作为自变量，X 坐标作为应变量，则 X = -10.0 × SIN(360.0 × Y/100.0) -50.0(左侧正弦曲线公式)。程序中使用以下变量进行运算。

#101：左侧曲线上各点的 Y 坐标，其变化范围为 -50.0 ~ 50.0。

#102：左侧曲线上各点的 X 坐标，#102 = -10.0 × SIN[3.6 × #101] -50.0。

对于右侧的正弦曲线，可采用镜像方式进行编程与加工。

2. 制订加工工艺

本课题的操作步骤如下：

(1)采用 ϕ16 mm 立铣刀粗、精铣外形两条正弦曲线；

(2)采用 ϕ16 mm 立铣刀粗、精铣内型腔轮廓；

(3)重新装夹工件，粗、精铣侧面槽。

用 FANHC 0i - M 数控系统加工导动板的参考程序见表 5.3。

表 5.3　加工导动板参考程序

<table>
<tr><td>O0504;</td><td>主程序</td></tr>
<tr><td>G17 G21 G40 G54 G90 G94 F100;</td><td>程序初始化</td></tr>
<tr><td>G91 G28 Z0.;</td><td rowspan="4">程序开始部分</td></tr>
<tr><td>M03 S800;</td></tr>
<tr><td>G90 G00 X -70.0 Y -60.0;</td></tr>
<tr><td>Z20.;</td></tr>
<tr><td>M98 P0012;</td><td>加工右边正弦曲线</td></tr>
<tr><td>G00 Z20.;</td><td>Z 向抬刀</td></tr>
</table>

续表

G00 X70. Y60.;	快速定位
G51.1 X0. Y0.;	沿工件原点镜像
M98 P0012;	加工左边正弦曲线
G00 Z20.;	Z 向抬刀
G51.0;	取消镜像
G91 G28 Z0.;	程序结束部分
M30;	
O00514;	内型腔加工程序
……;	
G90 G00 X-22.5 Y-25.0;	程序初始化
G01 Z-10.0 F100;	
G41 G01 X-32.5 Y-10.0 D01;	加工内型腔
Y-29.64;	
G03 X-22.5 Y-39.64 R10.0;	
G01 X22.5;	
G03 X32.5 Y-29.64 R10.0;	
G01 Y11.65;	
G03 X32.5 Y31.65 R25.0;	
G03 X-32.5 R65.0;	
G03 X-32.5 Y11.65 R25.0;	
G40 G01 Y-5.0;	
G41 G01 X-17.32 Y0. D01;	加工内型腔中的三角形凸台
G02 X-8.66 Y10.0 R10.0;	
G01 X8.66;	
G02 X17.32 Y0. R10.0;	
G01 X8.66 Y-15.0;	
G02X-8.66 R10.0;	
G01 X-17.32 Y0.;	
G40 G01 X-25.0;	
……;	
M30;	程序结束部分
O0012;	正弦曲线子程序
G01 Z-10.0 F100;	Z 向下刀至加工位置
#101 = -50.0;	曲线上各点的 Y 坐标
#102 = -10.0 * SIN[3.6 * #101] -50.0;	曲线上各点的 X 坐标
N40 G41 G01 X#102 Y#101 D01;	加工正弦曲线
#101 = #101 +1;	Y 坐标每次增加 1 mm

续表

IF[#101 LE 50] GOTO 40;	条件判断
G40 G01 X-10. M09;	取消补偿
M99;	返回主程序

四、任务分配

加工时间:300 分钟。
加工数量:1 件。

五、任务检测与评价

项目与配分		序号	技术要求	配分	评分标准	检测记录	得分
工件加工评分(80 分)	轮廓(65 分)	1	$65^{+0.03}_{0}$ mm	6	超差 0.02 mm 扣 3 分		
		2	$400^{0}_{-0.03}$ mm	6	超差 0.1 mm 扣 3 分		
		3	ϕ24H7 mm	6	超差 0.05 mm 扣 3 分		
		4	$80^{+0.03}_{0}$ mm	5	超差 0.05 mm 扣 3 分		
		5	3×R8 mm	4	超差不得分		
		6	2×R10 mm	4	超差不得分		
		7	40 mm	2	超差不得分		
		8	10 mm	2	超差不得分		
		9	$1^{+0.03}_{-0.03}$ mm	5	超差 0.02 mm 扣 3 分		
		10	$72^{+0.03}_{0}$ mm	4	超差 0.02 mm 扣 2 分		
		11	2×ϕ10H8 mm	4	超差 0.02 mm 扣 2 分		
		12	正弦曲线	12	超差不得分		
		13	R_a1.6 μm	5	每错一处扣 1 分		
	其他(15 分)	14	工件按时完成	6	未按时完成全扣		
		15	工件无缺陷	6	每一处缺陷扣 1 分		
		16	R_a6.3 μm	3	每错一处扣 1 分		
程序与工艺(10 分)		17	程序正确合理	10	每错一处扣 1 分		
		18	加工工序卡		不合理每处扣 1 分		
机床操作(10 分)		19	机床操作规范	5	出错一次扣 2 分		
		20	工件、刀具装夹	5	出错一次扣 2 分		
安全文明生产(倒扣分)		21	安全操作	倒扣	发生安全事故停止操作或酌扣 5~30 分		
		22	机床整理	倒扣			

六、知识能力点的扩展

1. 程序的差别及其特点

通常所讲的数控指令其实是 ISO 代码指令编程,每个代码的功能是固定的,有些时候这些指令满足不了用户的需要。子程序虽然可以完成零件相同轮廓的重复加工，但对于相似轮廓的加工却不能实现，为此数控系统厂家另提供了用户宏程序。用户宏程序和普通程序存在一定的区别，认识和了解这些区别，将有助于宏程序的学习和运用。表5.4为用户宏程序和普通程序的简要比较。

表5.4　用户宏程序和普通程序的简要比较

普通程序	用户宏程序
编程只能使用常量	能够使用变量，并可以给变量赋值
常量之间不能进行运算	变量之间能够进行运算
程序只能顺序执行，不能转移	程序运行可以跳转

宏程序的最大特点是将有规律的形状或尺寸用最短的程序段表示出来，具有极好的易读性和易修改性，程序内容非常简洁，逻辑严密，通用性强。宏程序可以用变量表示有变化的轮廓尺寸，通过对变量的修改来完成形状相似或相同零件的加工，节省了系统的存储空间，提高了编程效率。

2. 变量的表示

(1)用变量符号“#”加后面的变量号指定变量，例如：#8。

(2)变量表达式必须封闭在括号中，例如：#[#8 + #9 × SIN[#1]]。

(3)变量中整数值的小数点可以省略，例如：#8 = 58，变量#8的实际值是58.00。

3. 变量的类型与取值范围

从功能上变量类型可分为以下两种：

(1)系统变量，用于系统内部运算时各种数据的存储；

(2)用户变量，包括局部变量和公共变量，用户可以单独使用，数控系统作为处理资料的一部分。

系统的变量类型见表5.5。

表5.5　FANUC 0i－M变量类型

变量名		类型	功能
#0		空变量	该变量总是为空，没有值能赋予该变量
用户变量	#1～#33	局部变量	局部变量只能在宏程序中存储数据，例如运算结果 断电时局部变量清除(初始化为空) 可以在程序中对其赋值
	#100～#199 #500～#999	公共变量	公共变量在不同的宏程序中的意义相同(即公共变量对于主程序和从这些主程序调用的每个宏程序来说是公用的) 断电时#100～#199清除(初始化为空)，通电时复位到“0”；而#500～#999数据，即使断电也不清除
#1000以上		系统变量	系统变量用于读和写CNC运行时各种数据变化，例如刀具当前位置和补偿值等

4. 赋值与变量

赋值是指将一个数据赋予一个变量。例如:#1 = 18,表示#1 的值是 18。其中,#1 代表变量,"#"是变量符号(注意:根据数控系统的不同,它的表示方法可能有差别);18 是给变量#1 赋的值;" = "是赋值符号,起语句定义作用。

赋值的规律如下。

(1)赋值号" = "两边内容不能随意互换,左边只能是变量,右边可以是表达式、数值或变量。

(2)一个赋值语句只能给一个变量赋值。

(3)可以多次给一个变量赋值,新变量值将取代原变量值(即最后赋的值生效)。

(4)赋值语句具有运算功能,它的一般形式为:变量 = 表达式。

(5)在赋值运算中,表达式可以是变量自身与其他数据的运算结果。如#1 = #1 + 2,表示#1 的值为#1 + 2,这一点与数学运算有所不同。

需要强调的是"#1 = #1 + 2"形式的表达式可以说是宏程序运行的"原动力",任何宏程序几乎都离不开这种类型的赋值运算,而它偏偏与人们头脑中根深蒂固的数学上的等式概念严重偏离,因此对于初学者往往造成很大的困扰,但是,如果对计算机高级语言有一定了解的话,对此便易于理解。

(6)赋值表达式的运算顺序与数学运算顺序相同。

(7)辅助功能(M 代码)的变量有最大值限制,如将 M30 赋值为 300 显然是不合理的。

5. 转移和循环

在程序中,使用 GOTO 语句和 IF 语句可以改变程序的流向。其中,有三种转移和循环操作可供使用。

转移和循环:
- GOTO 语句→无条件转移
- IF 语句→条件转移,格式为:IF…THEN…
- WHILE 语句→当…时循环

1)无条件转移(GOTO 语句)

转移(跳动)到标有顺序号 n(俗称行号)的程序段。当指定 1 ~ 99999 以外的顺序号时,会触发 P/S 报警 No. 128。其格式为:

GOTO n;　(n 为顺序号(1 ~ 99999))

例如"GOTO 99;"即转移至第 99 行。

2)条件转移(IF 语句)

IF 之后指定条件表达式,条件转移有以下两种形式。

(1)IF[<条件表达式>] GOTO n。

如果指定的条件表达式满足时,则转移(跳转)到标有顺序号 n(俗称行号)的程序段;如果指定的条件表达式不满足,则顺序执行下个程序段。如图 5.3 所示,如果变量#1 的值大于 100,则转移(跳转)到顺序号为 N99 的程序段。

(2)IF[<条件表达式>] THEN。

如果指定的条件表达式满足时,则执行预先指定的宏程序语句,而且只执行一个宏程序语句。

IF[#1 EQ #2]THEN #3 = 8;(如果#1 和#2 的值相同,将 8 赋值给#3)

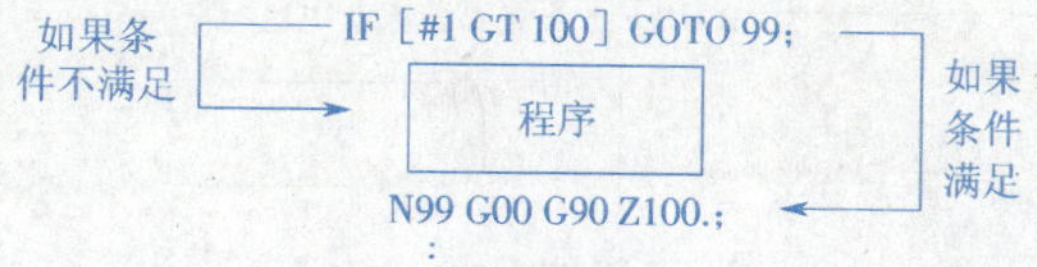

图 5.3　条件语句

条件转移的相关说明如下。

(1)条件表达式:条件表达式必须包括运算符。运算符插在两个变量中间或变量与常量中间,并且用“[　]”封闭。表达式可以替代变量。

(2)运算符:运算符由 2 个字母组成(见表 5.6),用于两个值的比较,以决定它们是相等,还是一个值小于或大于另一个值。注意,不能使用不等号。

表 5.6　运算符

运算符	含义	英文注释
EQ	等于(＝)	EQual
NE	不等于(≠)	Not Equal
GT	大于(＞)	Great Than
GE	大于或等于(≥)	Great Than or Equal
LT	小于(＜)	Less Than
LE	小于或等于(≤)	Less Than or Equal

(3)典型程序示例:下面的程序为计算数值 1 ~ 100 的累加总和。

O8888;

#1 = 0;(存储和数变量的初值)

#2 = 1;(被加数变量的初值)

N5 IF[#2 GT 100]GOTO 99;(当被加数大于 100 时转移到 N99)

#1 = #1 + #2;(计算和数)

#2 = #2 + #1;(下一个被加数)

GOTO 5;(转到 N5)

N99 M30;(程序结束)

3)循环(WHILE 语句)

在 WHILE 后指定一个条件表达式,当指定条件满足时,则执行从 DO 到 END 之间的程序;否则,转到 END 后的程序段,如图 5.4 所示。

DO 后面的号是指定程序执行范围的标号,标号值为 1,2,3。如果使用了 1,2,3 以外的值,会触发 P/S 报警 No. 126。

(1)嵌套。在 DO 到 END 循环中的标号(1 ~ 3)可根据需要多次使用。但是需要注意的是,无论怎样多次使用,标号永远限制在 1,2,3;此外,当程序是交叉重复循环(DO 的范围重叠)时,会触发 P/S 报警 No. 124。以下为关于嵌套的详细说明。

①标号(1 ~ 3)可以根据需要多次使用(见图 5.5)。

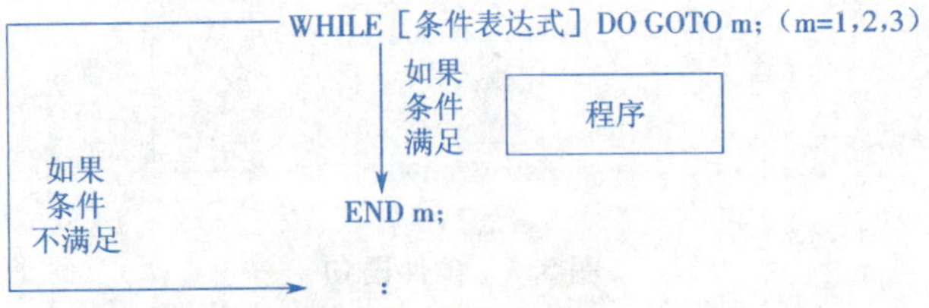

图 5.4　循环语句

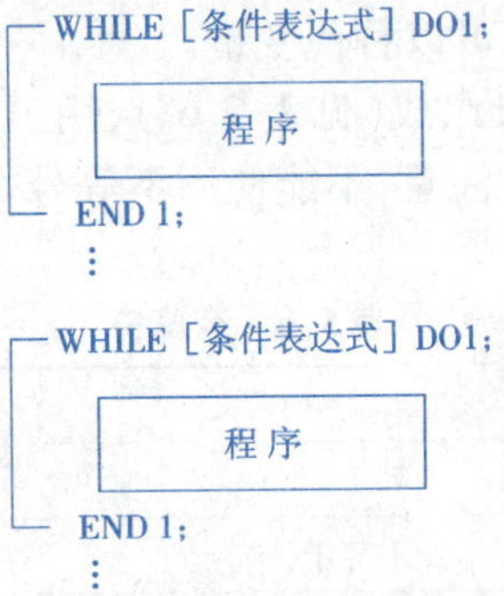

图 5.5　循环嵌套

②DO 的范围不能交叉(见图 5.6)。

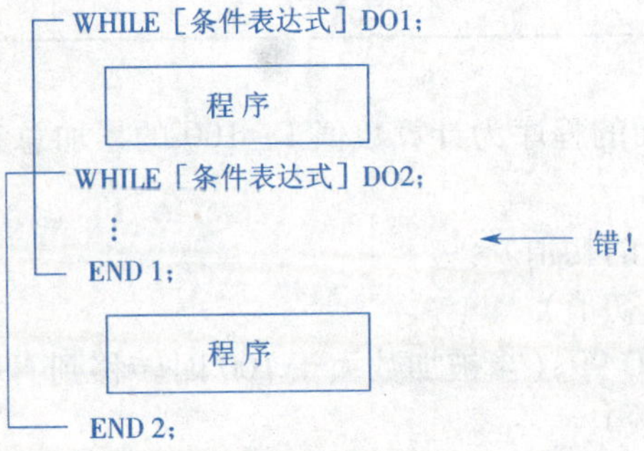

图 5.6　DO 用法错误

③(条件)转移可以跳出循环的外边(见图 5.7)。

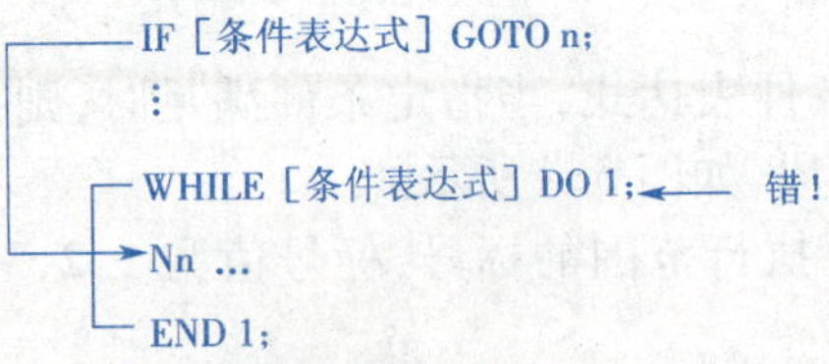

图 5.7　条件语句跳转

④DO 循环可以 3 重嵌套(见图 5.8)。

⑤(条件)转移不能进入循环区内(见图 5.9),注意与上述 4 点对照。

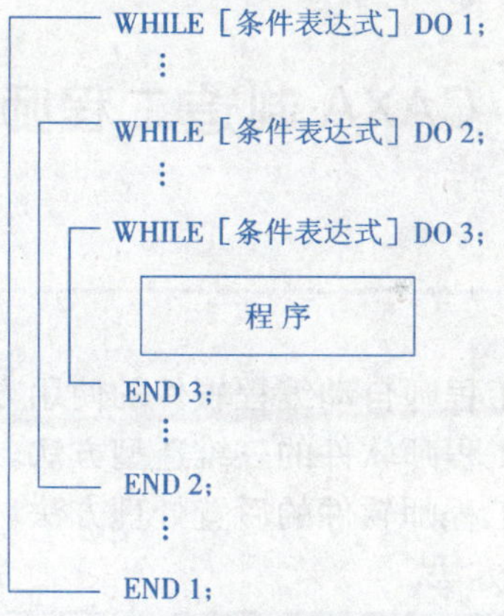

图 5.8　循环语句的 3 重嵌套

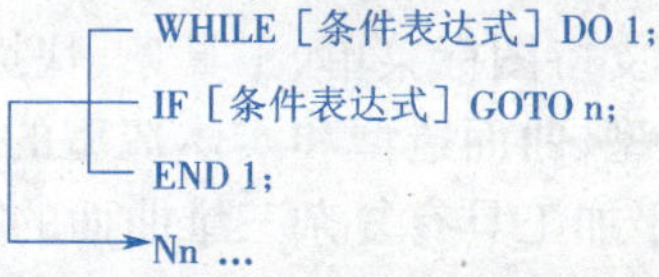

图 5.9　条件转移不能进入循环区

(2)关于循环(WHILE 语句)还有以下说明。

①成对使用:DO m 和 END m 必须成对使用,而且 DO m 一定要在 END m 指令之前,用识别号 m 来识别。

②无限循环:当指定 DO 而没有指定 WHILE 语句时,将产生从 DO 到 END 之间的无限循环。

③未定义的变量:在使用 EQ 或 NE 的条件表达式中,值为空和值为零将会有不同的效果。而在其他形式的条件表达式中,空即被当做零。

④条件转移(IF 语句)和循环(WHILE 语句)的关系:从逻辑关系上说,两者不过是从正反两个方面描述同一件事情;从实现功能上说,两者具有相当程度的相互替代性;从具体用法和使用限制上说,条件转移(IF 语句)受到系统的限制相对更少,使用更灵活。因此,用 WHILE 语句实现循环可减少处理时间。

但是,这一点在实际应用中到底有多大的意义,还值得商榷。在宏程序应用中,优先考虑的应该是数学表达是否正确,思路是否简洁,逻辑是否严密,至于具体选择何种语句来实现,则不必拘泥。事实上,从宏程序的学习来看,似乎“IF…GOTO”形式的条件转移语句对于初学者而言,更容易理解和掌握。

任务六　CAXA 制造工程师软件的应用

目标要求

1. 了解 CAXA 制造工程师自动编程软件的使用方法。
2. 掌握 CAXA 制造工程师软件的三维造型方法。
3. 掌握 CAXA 制造工程师软件的后置处理方法。
4. 掌握 DNC 加工的方法。

CAXA 制造工程师软件是由北航海尔有限公司研制开发的全中文、面向数控铣床和加工中心的三维 CAD/CAM 软件。它基于微机平台，采用原创 Windows 系统操作菜单和交互方式，便于轻松地学习和操作。它全面支持图标菜单、工具条、快捷键，允许用户自由创建符合自己习惯的操作环境。它具有线框造型、曲面造型和实体造型的设计功能，又具有生成 2 ~ 5 轴的加工代码的数控加工功能，可用于加工具有复杂三维曲面的零件。它的特点是易学易用，价格较低，已在国内众多企业和研究院所得到应用。CAXA 制造工程师的加工图例如图 6.1 所示。

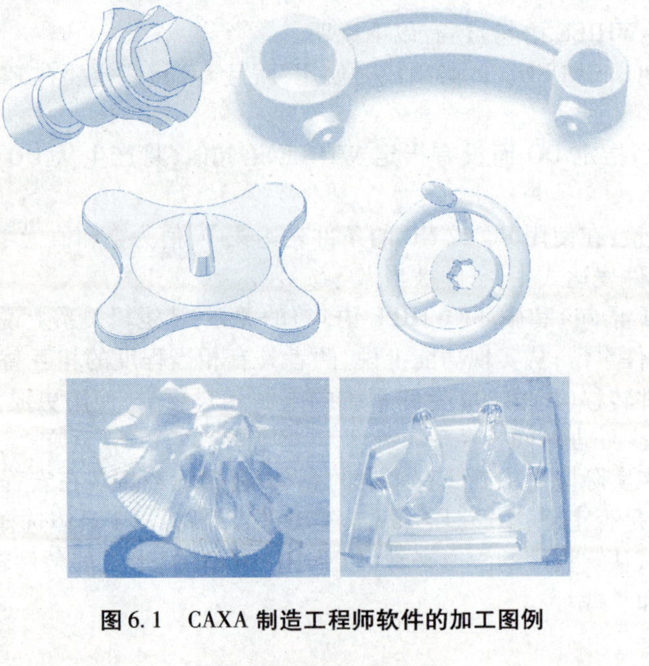

图 6.1　CAXA 制造工程师软件的加工图例

任务实施

子任务一　CAXA 三维造型

子任务二　CAXA 后置处理

子任务三　DNC 加工

子任务一　CAXA 三维造型

目标要求

1. 学会 CAXA 制造工程师软件的使用方法。
2. 具备用 CAXA 软件绘制三维图形的能力。

一、任务

用 CAXA 制造工程师 2008 软件，绘制如图 6.2 所示凸模板的立体图。

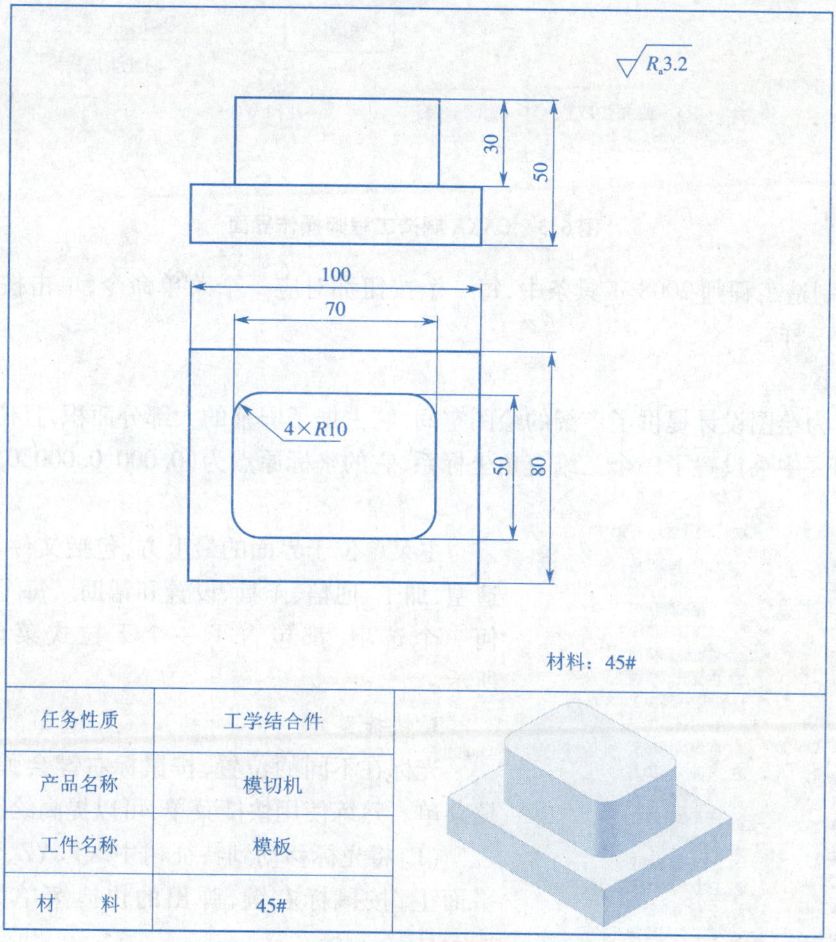

图 6.2　凸模板零件图

二、任务准备

界面是交互式 CAD/CAM 软件与用户进行信息交流的中介。CAXA 制造工程师 2008 的用户界面，提供了菜单和工具条驱动，状态栏指导用户进行操作，并提示当前状态和光标所处位置，为用户提供数据的交互功能。CAXA 制造工程师 2008 操作界面如图 6.3 所示。

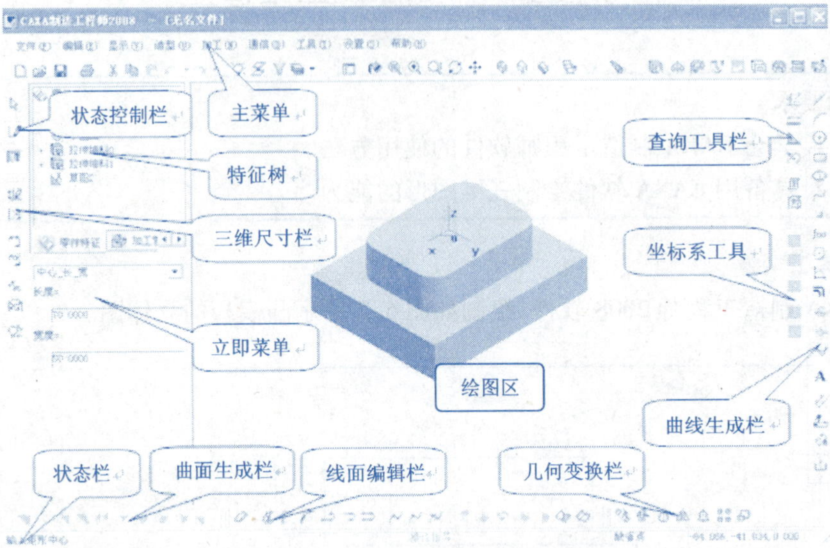

图 6.3　CAXA 制造工程师操作界面

CAXA 制造工程师 2008 工具条中，每一个按钮都对应一个菜单命令，单击按钮和单击菜单命令完全一样。

1. 绘图区

绘图区为绘图设计提供了广阔的绘图空间，它占据了屏幕的大部分面积，且位于屏幕的中心。在绘图区中央设置了一个三维直角坐标系，它的坐标原点为(0.000,0.000,0.000)。

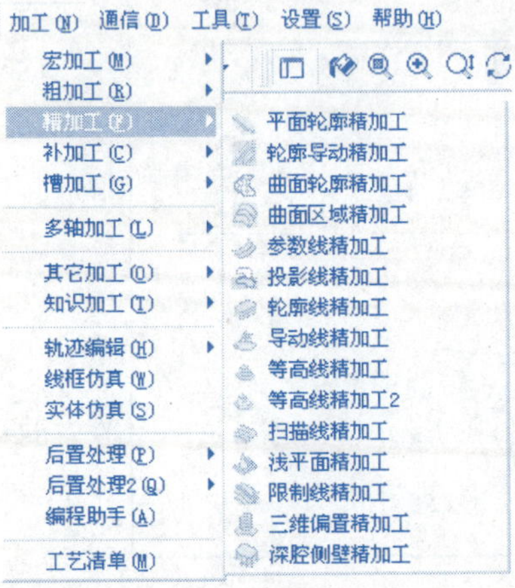

图 6.4　下拉菜单

2. 菜单

主菜单位于界面的最上方，包括文件、编辑、显示、造型、加工、通信、工具、设置和帮助。每个菜单中的任何一个选项，都包含了一个下拉式菜单，如图 6.4 所示。

3. 快捷菜单

光标在不同的位置，按鼠标右键会弹出不同的快捷菜单。熟练使用快捷菜单，可以提高绘图速度。

(1)将光标移动到特征树中 XY、YZ、XZ 三个基准平面上，按鼠标右键，弹出的快捷菜单如图 6.5(a)所示。

(2)将光标移到绘图区中的实体上，单击实体，按右键，弹出的快捷菜单如图 6.5(b)所示。

(3)将光标移到特征树的草图上，按右键，弹出的快捷菜单如图 6.5(c)所示。

(4)将光标移到特征树中的特征上，按右键，弹出的快捷菜单如图 6.5(d)所示。

(5)在非草图状态下，将光标移到绘图区中的草图上，单击曲线，按右键，弹出的快捷菜单如图 6.5(e)所示。

(6)在草图状态下,拾取草图曲线,按右键,弹出的快捷菜单如图 6.5(f)所示。

(7)在空间曲线、曲面上选中曲线或者加工轨迹的曲线,按右键,弹出的快捷菜单如图 6.5(g)所示。

(8)在任意菜单空白处,按右键,弹出的快捷菜单如图 6.5(h)所示。

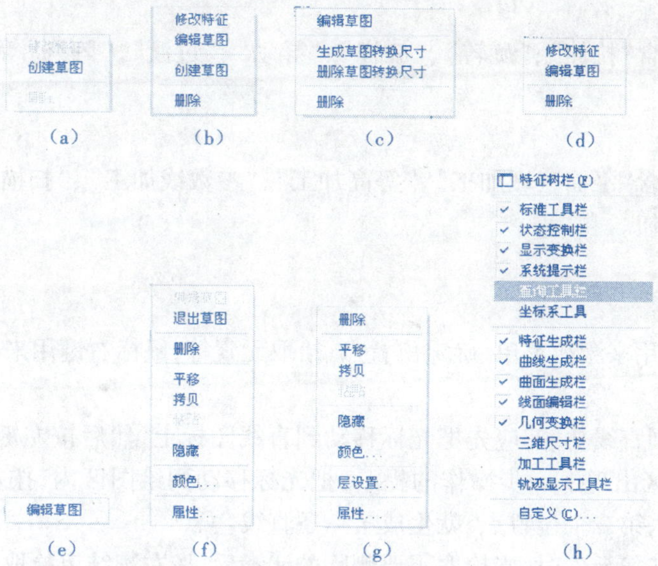

图 6.5 快捷菜单

4. 工具栏

在工具条中,可以通过鼠标左键单击相应的按钮进行操作。工具条可以自定义,界面上的工具条包括:标准工具、显示工具、状态工具、曲线工具、几何变换、线面编辑、曲面工具和特征工具。

1)标准工具栏 

标准工具栏包含标准的“打开文件”、“保存”、“打印文件”等 Windows 按钮,也有制造工程师的“可见”、“层设置”、“拾取过滤设置”、“当前颜色”按钮。

2)显示变换栏 

显示变换栏包含“缩放”、“真实感显示”、“视向定位”等选择显示方式的按钮。

3)状态控制栏 

状态控制栏包含“终止当前命令”、“草图状态开关”、“启动电子图板”按钮。

4)曲线生成栏 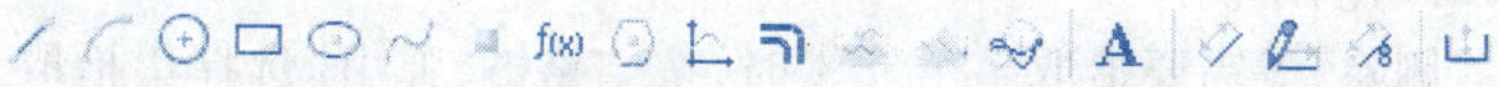

曲线生成栏包含“直线”、“圆弧”、“公式曲线”、“尺寸标注”、“文字”等丰富的绘制工具按钮。

5)几何变换栏 

几何变换栏包含二维和三维的“平移”、“旋转”、“镜像”、“阵列”等几何变换工具按钮。

6)线面编辑栏 

线面编辑栏包含曲线的“删除”、“裁剪”、“过渡”、“拉伸”和曲面的“裁剪”、“过渡”、“缝合”等编辑工具按钮。

7)曲面生成栏 

曲面生成栏包含“直纹面”、“旋转面”、“扫描面”等曲面生成工具按钮。

8)特征生成栏 

特征生成栏包含“拉伸”、“旋转”、“放样”、“导动”、“过渡”、“阵列”等丰富的特征造型工具按钮。

9)加工工具栏 

加工工具栏包含“平面区域加工”、“等高加工”、“参数线加工”、“扫描线加工”、“宏加工”等多种加工功能按钮。

5. 常用键含义

1)鼠标键

鼠标左键可以用来激活菜单、确定位置点、拾取元素等;鼠标右键用来确认拾取、结束操作和终止命令。

例如,要运行画直线功能,应先把光标移动到直线图标上,然后按左键,激活画直线功能,这时,在命令提示区出现下一步操作的提示;把光标移动到绘图区内,按左键,输入一个位置点,再根据提示输入第二个位置点,就生成了一条直线。

又如,在删除几何元素时,当拾取了要删除的元素后,按右键结束拾取,被拾取的元素就被删除掉了。

2)回车键和数值键

在系统要求输入点时,回车键和数值键可以激活一个坐标输入条,在输入条中可以输入坐标值。如果坐标值以“@”开始,表示的是相对于前一个输入点的相对坐标。在某些情况下也可以输入字符串。

3)空格键

在下列情况下,需要按空格键。

(1)当系统要求输入点时,按空格键弹出“点工具”菜单,显示点的类型,如图 6.6(a)所示。

(2)有些操作(如作扫描面)中,需要选择方向时,按空格键,弹出“矢量工具”菜单,如图 6.6(b)所示。

(3)有些操作(如进行曲线组合等)中,要拾取元素时,按空格键,可以进行拾取方式的选择,如图 6.6(c)所示。

(4)在“删除”等需要拾取多个元素时,按空格键,弹出“选择集拾取工具”菜单,如图 6.6(d)所示。默认状态是“拾取添加”,在这种状态下,可以单个拾取元素,也可以用窗口来拾取对象。

4)功能热键

系统提供了如下一些方便操作的功能热键。

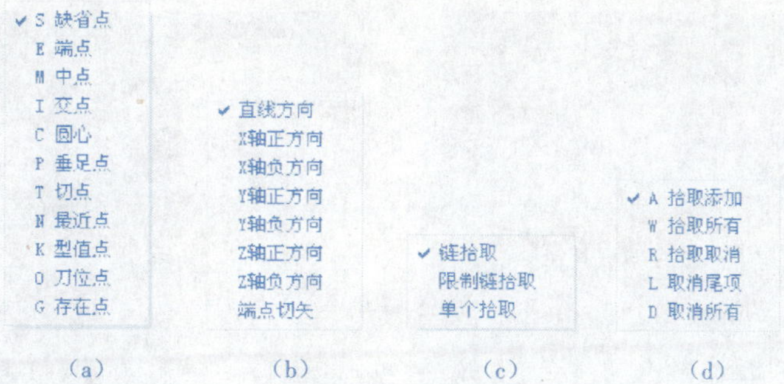

图 6.6　空格键弹出的工具菜单

(1) F1 键：请求系统帮助。

(2) F2 键：草图器，用于“草图绘制”模式与“非绘制草图”模式的切换。

(3) F3 键：显示全部图形。

(4) F4 键：重画（刷新）图形。

(5) F5 键：将当前平面切换至 *XOY* 面，同时将显示平面设置为 *XOY* 面，将图形投影到 *XOY* 面内进行显示。即选取“*XOY* 平面”为视图平面和作图平面。

(6) F6 键：将当前平面切换至 *YOZ* 面，同时将显示平面设置为 *YOZ* 面，将图形投影到 *YOZ* 面内进行显示。即选取“*YOZ* 平面”为视图平面和作图平面。

(7) F7 键：将当前平面切换至 *XOZ* 面，同时将显示平面设置为 *XOZ* 面，将图形投影到 *XOZ* 面内进行显示。即选取“*XOZ* 平面”为视图平面和作图平面。

(8) F8 键：显示轴测图，按轴测图方式显示图形。

(9) F9 键：切换作图平面（*XY*、*XZ*、*YZ*），重复按 F9 键，可以在三个平面中相互转换。

(10) 方向键（←、↑、→、↓）：显示平移，可以使图形在屏幕上前后左右移动。

(11) Shift + 方向键（←、↑、→、↓）：显示旋转，使图形在屏幕上旋转显示。

(12) Ctrl + ↑：显示放大。

(13) Ctrl + ↓：显示缩小。

(14) Shift + 鼠标左键：显示旋转，同 Shift + 方向键（←、↑、→、↓）功能相同。

(15) Shift + 鼠标右击：显示缩放。

(16) Shift + 鼠标（左键 + 右键）：显示平移，与方向键（←、↑、→、↓）功能相同。

三、任务实施

凸模板的表面构成比较简单，可以采用实体造型的方法，绘出草图后，用“拉伸增料”命令即可完成其造型。

1. 启动 CAXA 制造工程师 2008

用桌面的“CAXA 制造工程师 2008”快捷图标（见图 6.7（a））或开始菜单的快捷图标（见图 6.7（b））启动 CAXA 制造工程师 2008。

(a)　　　　　　　　　　　　　　　　　(b)

图 6.7　启动"CAXA 制造工程师 2008"

2. 底板造型

(1)用鼠标右键点特征树上的"平面 XY",选择"创建草图",如图 6.8 所示。

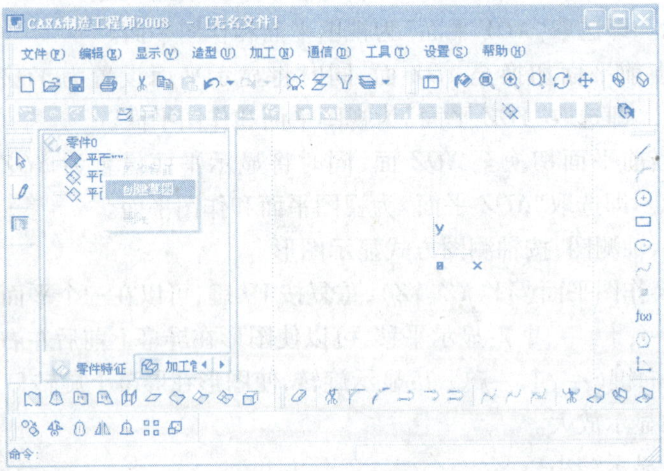

图 6.8　创建草图

(2)在"曲线生成栏"中,选择"矩形"绘图工具,在零件特征栏的提示中设定绘制矩形的尺寸参数"中心_长_宽",移动光标至绘图区的坐标系零点,定为矩形的中心点,按鼠标左键放置矩形,如图 6.9 所示,按鼠标右键结束矩形绘制。

(3)按 F8 键以轴测图方式显示图形,在"特征生成栏"中选取"拉伸增料"方式,设定拉伸深度为 20 mm,如图 6.10 所示,按"确定"按钮结束拉伸。

(4)用鼠标左键选择已生成实体的上表面,按鼠标右键,在弹出菜单中选择"创建草图",选择矩形绘制工具,设定矩形尺寸参数,绘制如图 6.11 所示草图。

(5)在曲线编辑栏中选择"曲线过渡"命令,选择"圆弧过渡",设定圆弧半径为 10 mm,对草图进行 *R*10 mm 圆角操作,结果如图 6.12 所示,结束草图绘制。

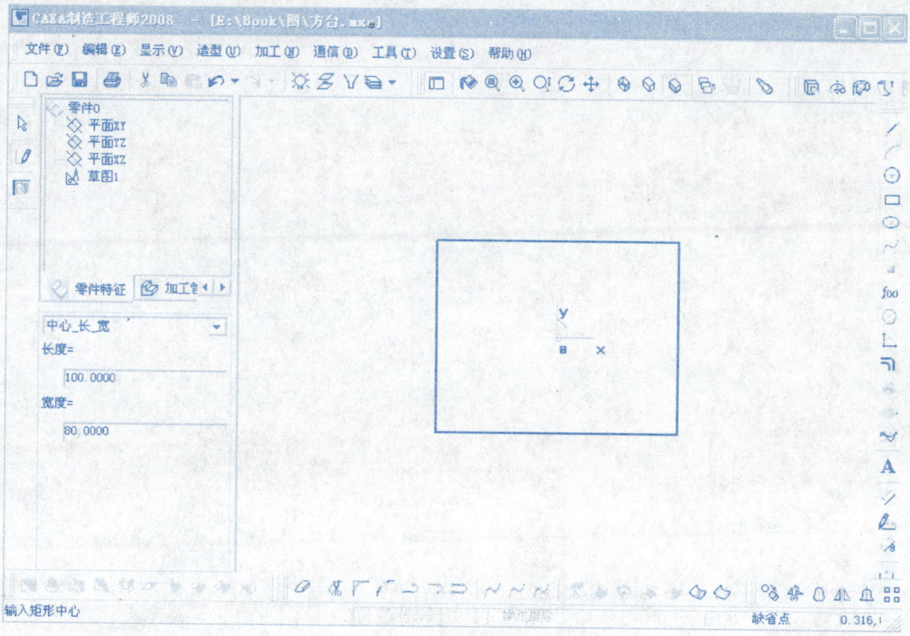

图 6.9　**绘制矩形**

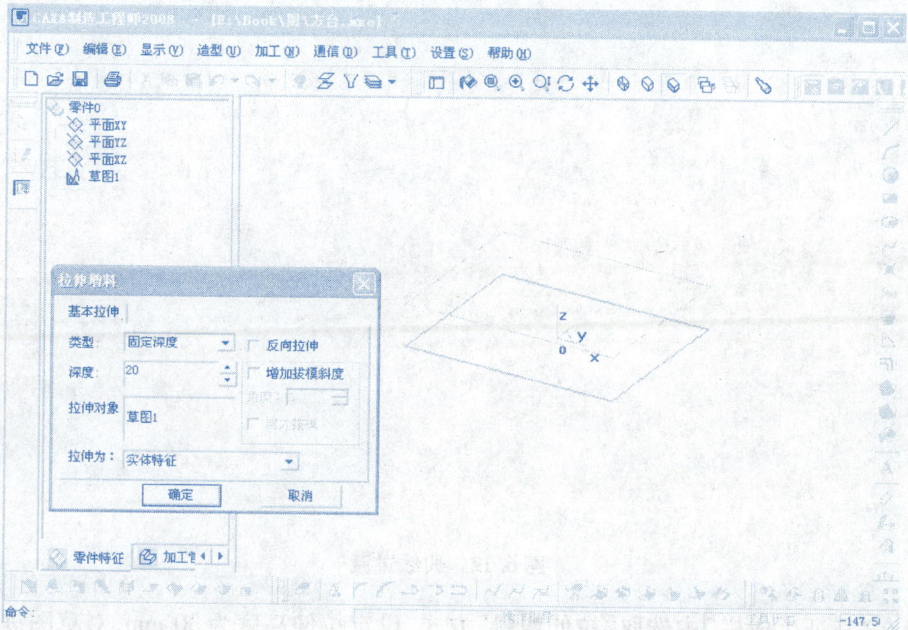

图 6.10　**拉伸矩形**

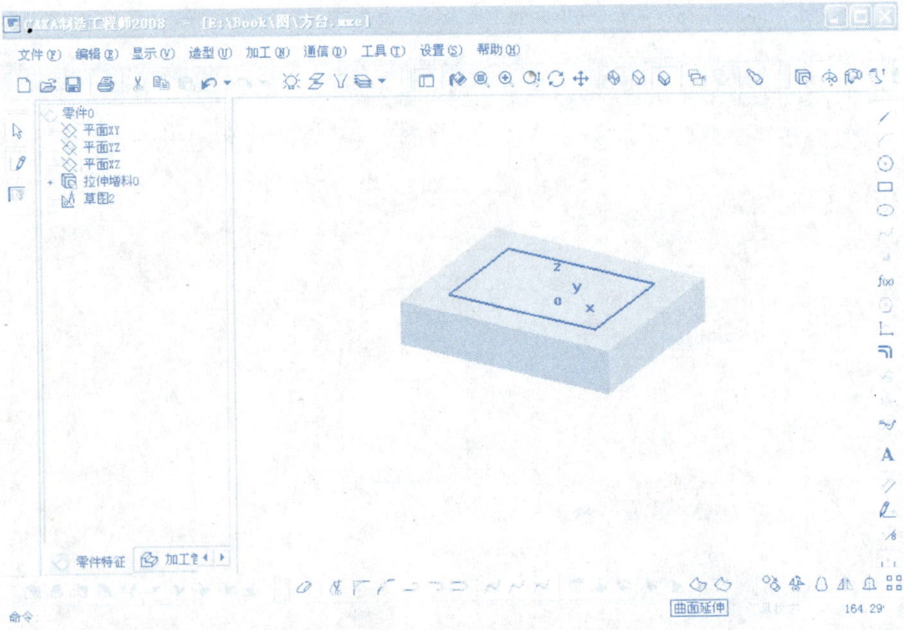

图 6.11　绘制草图

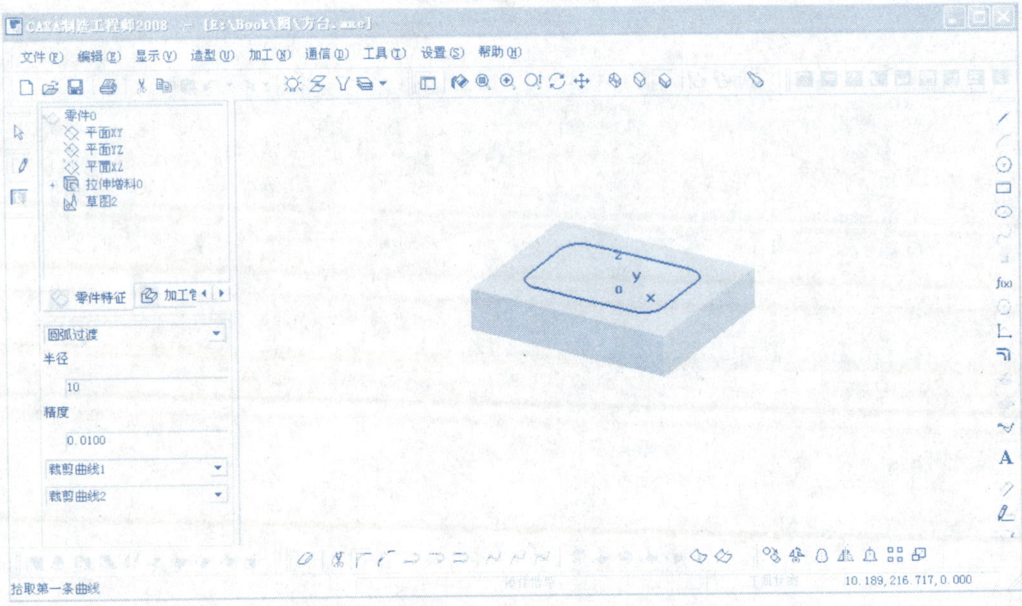

图 6.12　曲线过渡

(6)在“特征生成栏”中选取“拉伸增料”方式，设定拉伸高度为 30 mm，对草图进行拉伸操作，结果如图 6.13 所示，按“确定”按钮结束拉伸。

(7)选择“保存”按钮，将图形文件存放。

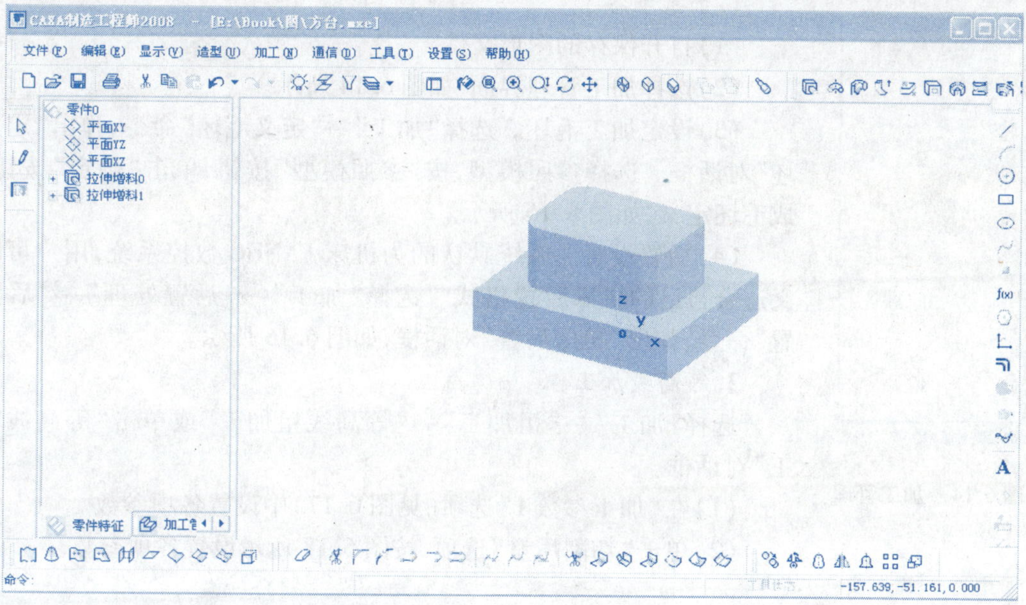

图 6.13　拉伸轮廓

子任务二　CAXA 后置处理

目标要求

1. 学会 CAXA 制造工程师软件的后置处理方法。
2. 具备用 CAXA 软件自动编程的能力。

一、任务

用 CAXA 制造工程师软件，完成凸模板的后置处理并生成 FANUC 0i 数控系统加工程序。

二、任务准备

后置处理就是编程系统将前期的绘图结果处理成具体的数控机床所需要的输入信息，即形成零件加工的数控程序。后置处理的具体步骤如下：

(1)打开零件数据(图形信息)；

(2)确定粗加工和精加工方案；

(3)生成加工步骤的加工轨迹；

(4)刀具轨迹仿真；

(5)生成后置程序并保存。

三、任务实施

生成凸模板 70 mm × 50 mm × 30 mm 凸台的加工程序。因为图形比较简单，所以采用等高线粗加工和精加工方式进行加工。

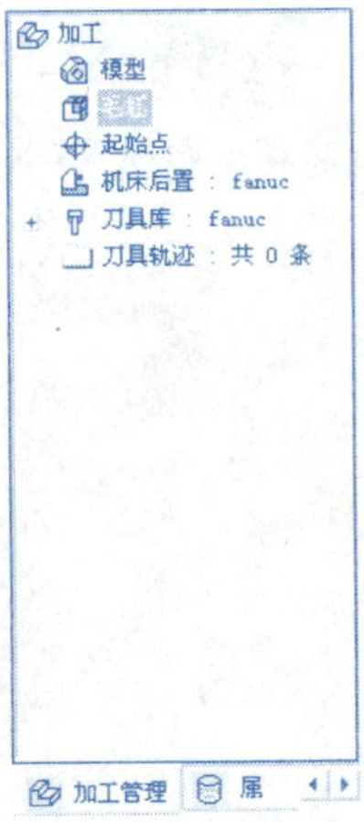

图 6.14　加工管理

1. 加工准备

(1)打开保存的图形文件。

(2)选择加工管理界面,如图 6.14 所示。

(3)设定加工毛坯。选择"加工"→"定义毛坯"命令,弹出"定义毛坯"对话框。选择参照模型,按"参照模型"按钮,单击"确定"按钮,完成毛坯定义,如图 6.15 所示。

(4)后置设置。系统默认的为机床 FANUC 数控系统,用户可以定义适合自己的机床后置格式。选择"加工"→"后置处理"→"后置设置"命令,弹出"机床后置"对话框,如图 6.16 所示。

2. 等高线加工

选择"加工"→"粗加工"→"等高线粗加工"或单击"等高线粗加工"对话框。

(1)在"加工参数 1"选项(见图 6.17)中设置各项参数。

(2)单击"切削用量"选项,按图 6.18 所示设置各项参数。

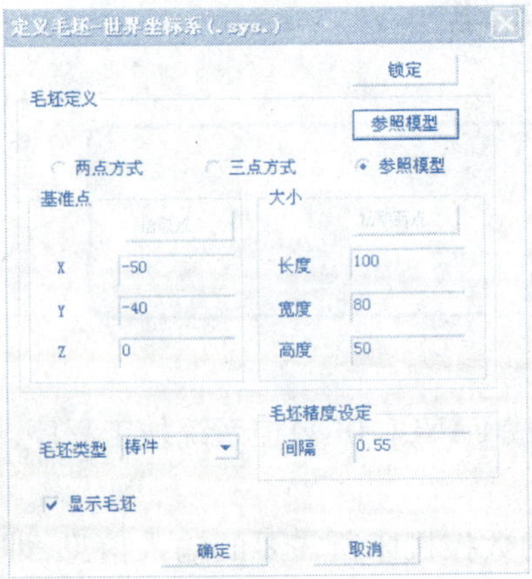

图 6.15　"定义毛坯"对话框

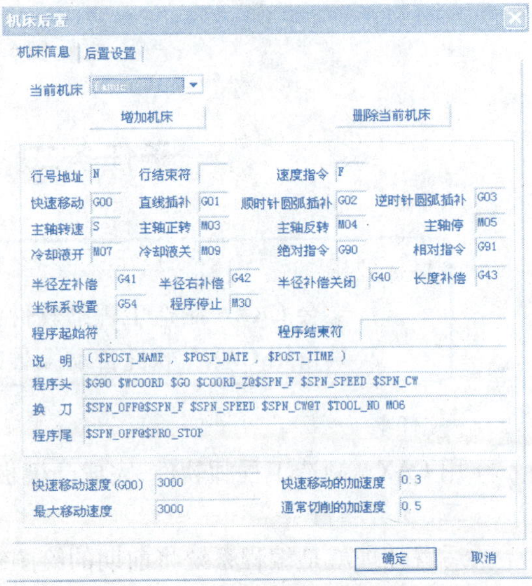

图 6.16　"机床后置"对话框

(3)单击"切入切出"选项,按图 6.19 所示设置各项参数。

(4)单击"下刀方式"选项,按图 6.20 所示设置各项参数。

(5)单击"刀具参数"选项,在刀具库中选择 D10 立铣刀,设定铣刀参数,如图 6.21 所示。

①增加铣刀。如果刀具库没有要选择的刀具,可以单击"增加刀具"按钮,弹出"刀具定义"对话框,输入刀具名称,设定增加刀具的参数。键入正确的数值,刀具定义即可完成。

②刀具名称一般都是以铣刀的直径和刀角半径来表示,刀具名称尽量和工厂中用刀的习惯一致。刀具名称的一般表示形式为"D12,r3",D 代表刀具直径,r 代表刀角半径。

③刀具的参数要与实际相同,其中的刀刃长度与仿真有关,而与实际加工无关。

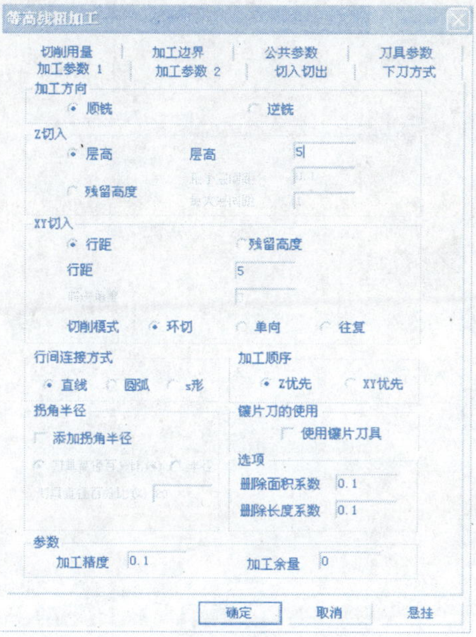

图 6.17　**“加工参数 1”选项**

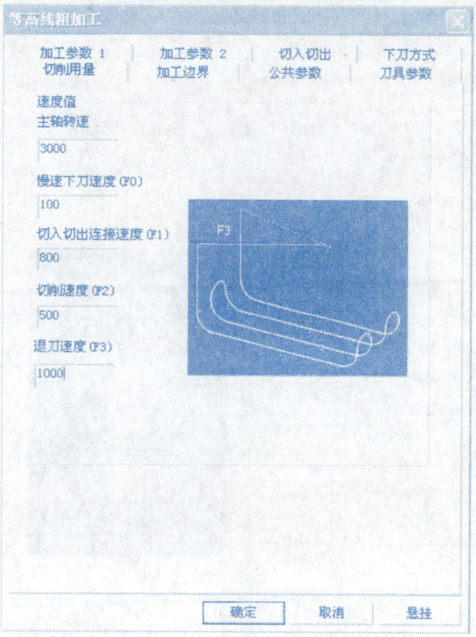

图 6.18　**“切削用量”选项**

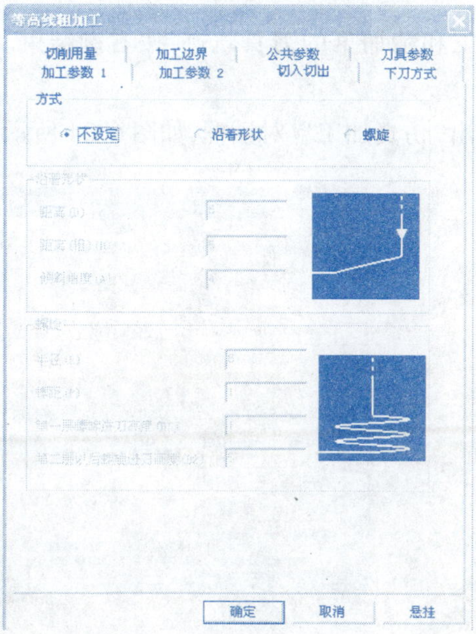

图 6.19　**“切入切出”选项**

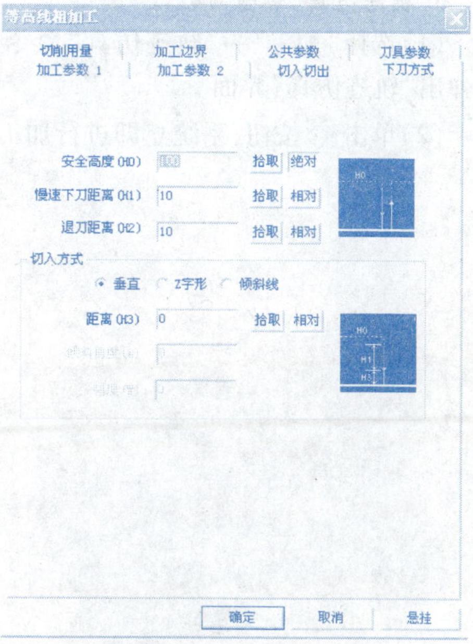

图 6.20　**“下刀方式”选项**

(6)单击“加工边界”选项，按图 6.22 所示设置各项参数。

(7)确定后，根据状态栏提示拾取轮廓。按右键确认后系统开始计算，稍后得出加工轨迹，如图 6.23 所示。

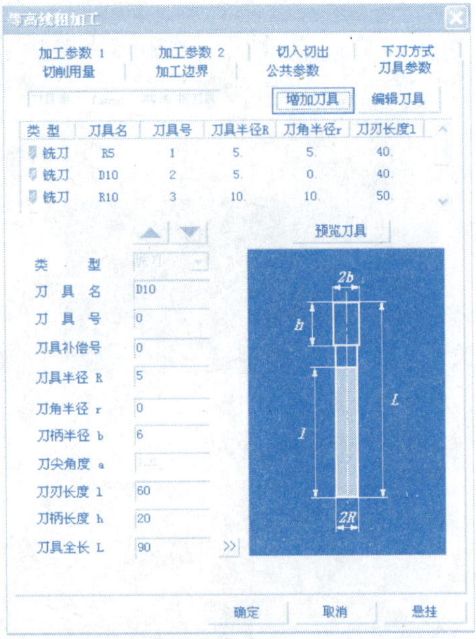

图 6.21 “刀具参数”选项

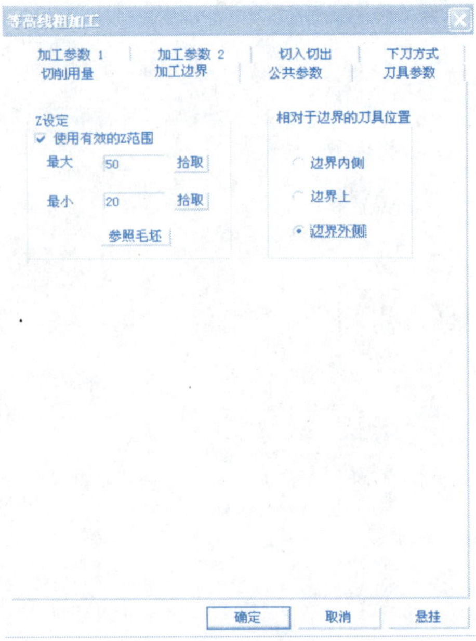

图 6.22 “加工边界”选项

3. 轨迹仿真、检验与修改

(1)选择“加工”→“轨迹仿真”命令,拾取粗加工和精加工的刀具轨迹,按右键结束。系统弹出“轨迹仿真”界面。

(2)单击按钮,系统立即进行加工仿真,并弹出“仿真加工” 对话框,如图 6.24 所示。

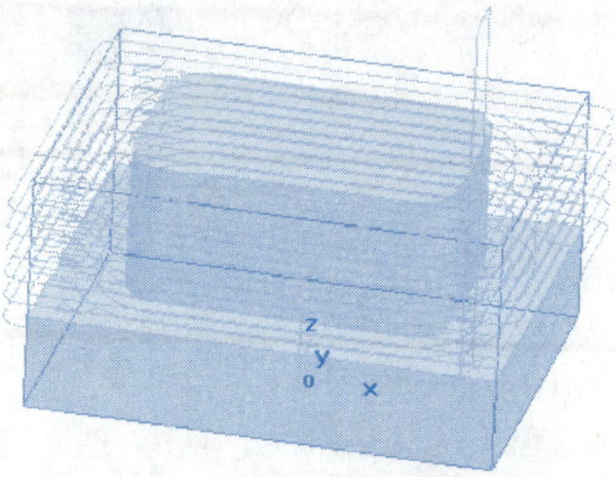

图 6.23 加工轨迹

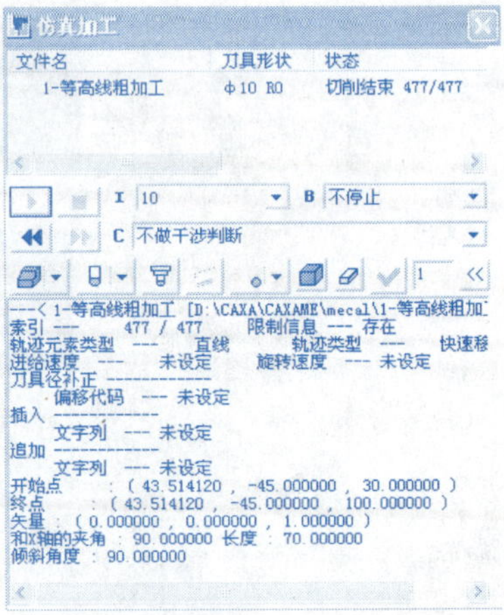

图 6.24 “仿真加工”对话框

(3)仿真检验无误后,单击“文件”→“保存”按钮,保存粗加工轨迹。

4. 生成 G 代码

选择“加工”→“后置处理”→“生成 G 代码”命令,弹出“选择后置文件”对话框,填写加工代码文件名“凸模加工”,单击“保存”, 如图 6. 25 所示。

拾取生成的粗加工的刀具轨迹,按右键确认,立即弹出粗加工代码文件,保存即可,如图 6. 26 所示。

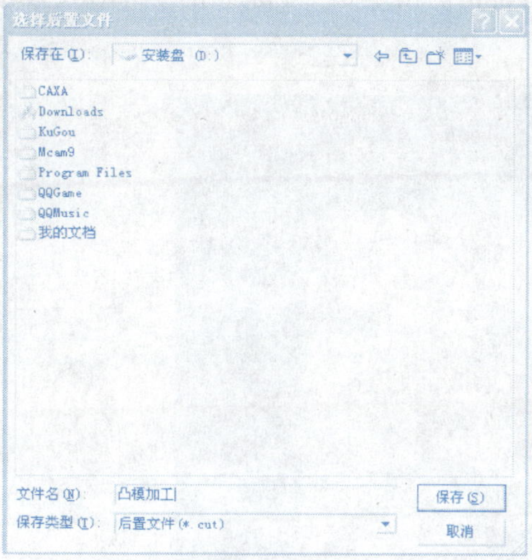

图 6. 25　“选择后置文件”对话框

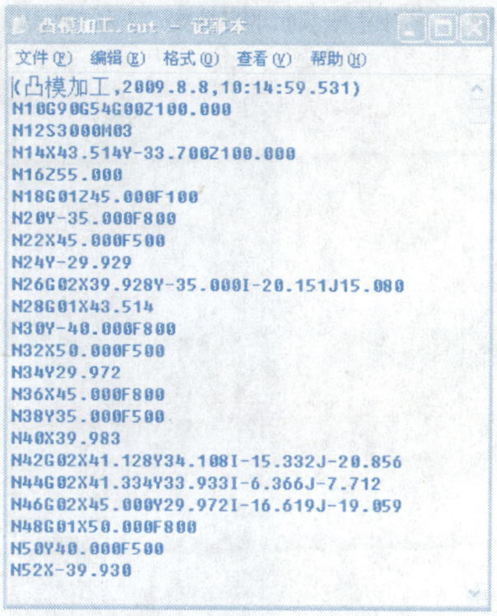

图 6. 26　加工 G 代码

至此,凸模板的造型、生成加工轨迹、加工轨迹仿真检查、生成 G 代码程序的工作全部完成。要完成一个合格零件的加工,还取决于加工的材料和刀具、加工参数设置、机床特点等因素的合理配合。

子任务三　DNC 加工

目标要求

1. 学会 CF 卡的使用方法。
2. 具备用 CF 卡进行 DNC 加工的能力。

一、任务

本任务通过 M－CARD(CF 卡,见图 6. 27)进行数控加工程序的存储、传输和 DNC 加工。

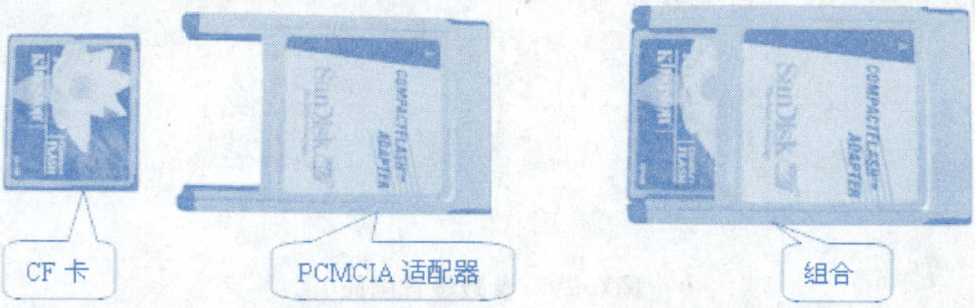

图 6. 27　CF 卡和 PCMCIA 适配器

二、任务准备

通过读卡器把电脑中保存的凸模板加工程序存入 CF 卡中，将 CF 卡插入 PCMCIA 适配器。目前 FANUC 0i－B/C、0i－MATE－B/C 系统上均提供了 PCMCIA 插槽，通过这个PCMCIA 插槽可以方便地对系统的数据和数控加工程序进行备份。由于 0i－C 系列的 PCMCIA 插槽位于显示器的左侧，使用更为方便，如图 6.28 所示。

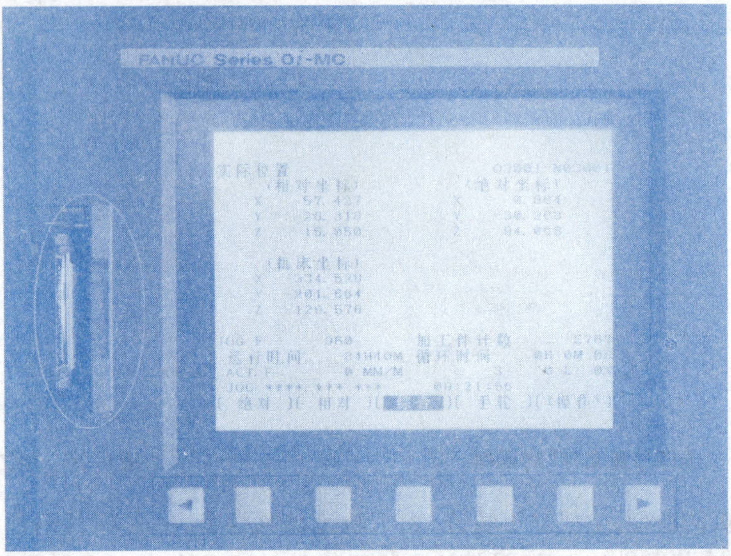

图 6.28　PCMCIA 插槽位置

三、任务实施

1. 参数设置

(1)操作模式选择手动输入(MDI)方式。

(2)按下 OFFSET SETTING 参数设置键。

(3)选择“[SETTING]”软键，使屏幕显示如图 6.29 所示画面。

```
设 定    (HANDY)                     O0111  N00000

  参数写入          = 0(0: 不可以   1:  可以)
  TV  校验          = 1(0:OFF      1:ON)
  穿孔代码          = 0(0:EIA      1:ISO)
  输入装置          = 0(0:MM       1:INCH)
  I/O  通道         =   4(0-35:  通道号      )
  自动加顺序号      = 0(0:OFF      1:ON)
  纸带格式          = 0(0:NO CNV   1:F10/11)
  顺序号停止        =       0( 程序号 )
  顺序号停止        =       0( 顺序号 )

  对比度        ( + =[ ON:1 ]    - =[OFF:0 ])
)^                                  OS100%  T0000
 MDI ****  ***  ***          00:03:03
[ 搜索  ][ ON:1  ][OFF:0  ][+输入  ][ 输入  ]
```

图 6.29　参数设置画面 1

(4)确认光标是否在“参数写入 = 0 处”。(此处若为 1 会产生“P/S100　ALARM”报警)

(5)输入“1”,按OFFSET SETTING,使“参数写入 =1”。(出现“P/S100　ALARM”报警)

(6)将光标移到“I/O”通道 =0 处,输入“4”,按OFFSET SETTING,使“I/O 通道 =4”,如图 6.30 所示。

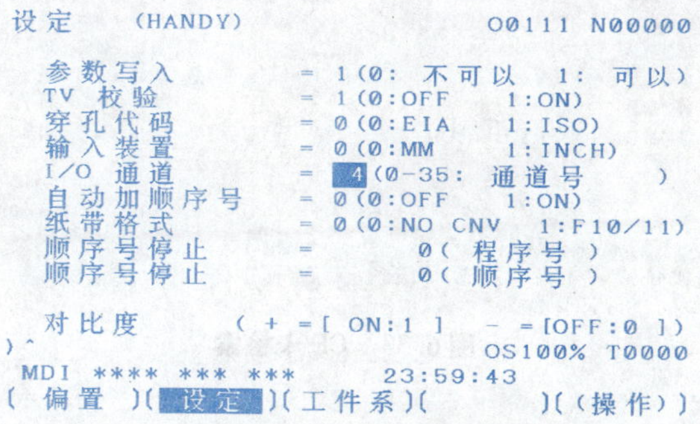

图 6.30　参数设置画面 2

(7)将光标移到“参数写入 =1”处,输入“0”,按INPUT,使“参数写入 =0”。

(8)按“RESET”键,取消故障报警,完成参数修改。

2. 程序的传输

把 CF 卡与 PCMCIA 适配器正确连接,然后将 PCMCIA 适配器插入屏幕左侧 PCMCIA 插槽中,按照以下的操作可以将 CF 卡中的程序存储到数控系统中。

(1)选择“编辑模式”→按下PROG键→按屏幕右下角扩展键→显示图 6.31 所示画面→按下“卡或 CARD”软键→显示图 6.32 所示 CF 程序列表→用“翻页键”或“光标键”查看 CF 卡中的程序。

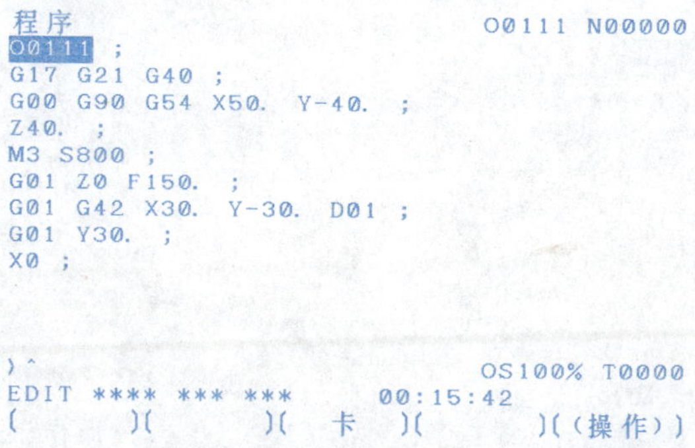

图 6.31　CF 卡操作

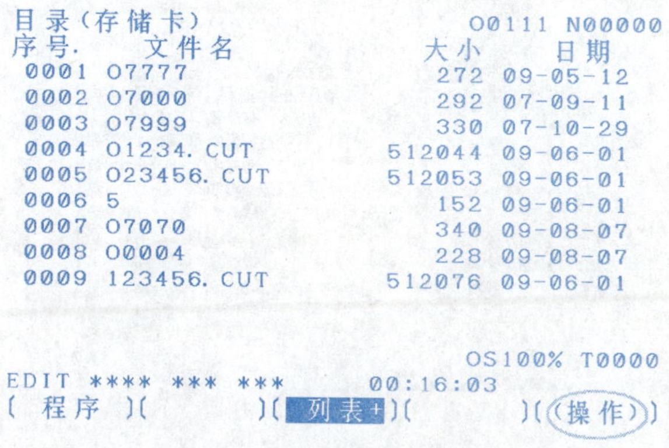

图 6.32　CF 程序列表

(2)按[操作]键显示图 6.33 所示画面→按[F 搜索]显示图 6.34 所示画面→输入“文件号 =10”→按[F 设定]→按[执行]。

(3)程序的输入有两种方式:F 读取和 N 读取,下面分别介绍。

①选择图 6.33[F 读取]软键→输入“文件号 =6”(画面中的序号),按[F 设定](见图 6.35(a))→输入“程序号 =8888”,按[O 设定]→按[执行]→CF 卡中的程序以“O8888”程序名存入系统(见图 6.35(b))。

```
目录(存储卡)                          O0111 N00000
序号.    文件名                    大小    日期
 0001 O7777                     272 09-05-12
 0002 O7000                     292 07-09-11
 0003 O7999                     330 07-10-29
 0004 O1234. CUT             512044 09-06-01
 0005 O23456. CUT            512053 09-06-01
 0006 5                         152 09-06-01
 0007 O7070                     340 09-08-07
 0008 O0004                     228 09-08-07
 0009 123456. CUT            512076 09-06-01

                                 OS100% T0000
EDIT **** *** ***          00:17:28
[F搜索 ][F 读取][N 读取][ 传出 ][ 删除 ]
```

图 6.33　CF 卡检索

```
目录(存储卡)                          O0111 N00000
序号.    文件名                    大小    日期
 0001 O7777                     272 09-05-12
 0002 O7000                     292 07-09-11
 0003 O7999                     330 07-10-29
 0004 O1234. CUT             512044 09-06-01
 0005 O23456. CUT            512053 09-06-01
 0006 5                         152 09-06-01
 0007 O7070                     340 09-08-07
 0008 O0004                     228 09-08-07
 0009 123456. CUT            512076 09-06-01
查找
  文件号=       10
)^                               OS100% T0000
EDIT **** *** ***          00:18:30
[F设定 ][          ][          ][ 取消 ][ 执行 ]
```

图 6.34　查找文件

```
目录(存储卡)                  O0111 N00000
序号.    文件名            大小    日期
 0001 O7777             272 09-05-12
 0002 O7000             292 07-09-11
 0003 O7999             330 07-10-29
 0004 O1234. CUT     512044 09-06-01
 0005 O23456. CUT    512053 09-06-01
 0006 5                 152 09-06-01
 0007 O7070             340 09-08-07
 0008 O0004             228 09-08-07
 0009 123456. CUT    512076 09-06-01
 读入
  文件号=       6      程序号=      8888
)^                          OS100% T0000
EDIT **** *** ***       00:21:59
[F设定 ][O设定 ][ 停止 ][ 取消 ][ 执行 ]
```

(a)

```
程序                              O8888 N00000
O8888 ;
G17 G21 G40 ;
G00 G90 G54 X-70. Y26. ;
M03 S800 ;
G00 Z10. ;
G01 Z-5. F120. ;
G41 G01 X-48. Y5. D01 ;
X50. ;
Y-5. ;

)^                                OS100% T0000
EDIT **** *** ***            00:22:59
[ 程序 ][ 列表 ][          ][          ][(操作)]
```

(b)

图 6.35　F 读取方式输入程序

②选择图 6.33[N 读取]软键→输入“文件名 = O7070”(CF 卡中的文件名)→输入程序号“O8881”,按[O 设定]→按[执行]→CF 卡中的程序以“O8881”程序名存入系统(见图 6.36(b))。

(4)程序的输出可以将系统中的程序输出到 CF 卡中。

在系统存储的程序列表中选择要传出的程序“O0002”→按[传出]软键→按[执行]→

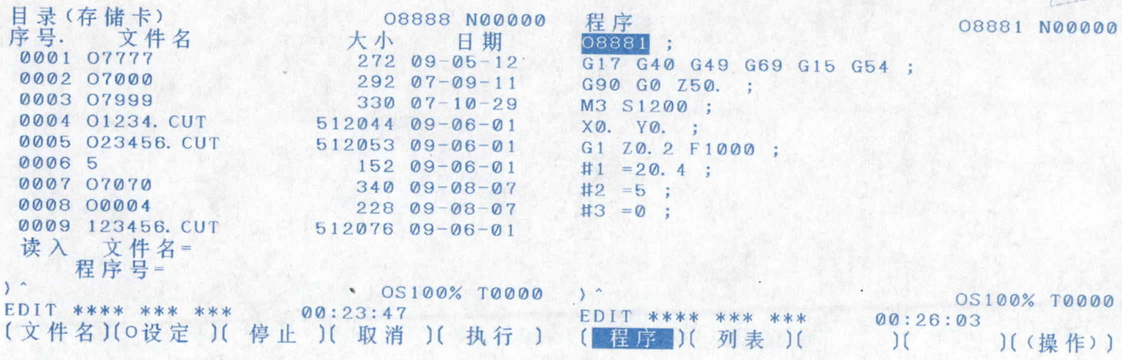

(a)　(b)

图 6.36　N 读取方式输入程序

“O0002”程序以同样的程序名保存到 CF 卡中(见图 6.37)。

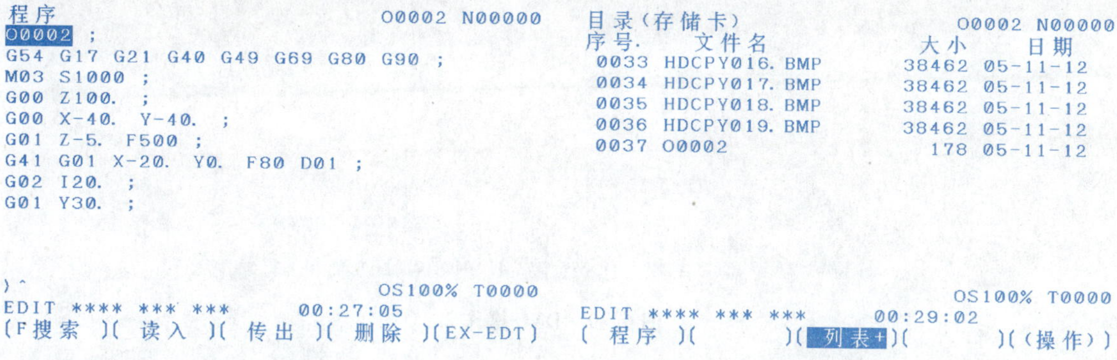

(a)　(b)

图 6.37　程序的输出

(5)系统中全部程序的输入、输出。

输入 O-9999,依次按下[PUNCH]、[EXEC](传出,执行),可以把系统中全部程序传出到 M-CARD 中,其默认文件名为 PROGRAM. ALL。

注意:参数 3202#4 的值为 1 时,9000 号以上的程序不能进行操作。

3. 操作模式

选择“DNC”状态→在图 6.38 中按[程序]软键→按屏幕右下角[扩展]键两次,显示如图 6.39 画面所示→选择“DNC-CD”(见图 6.40)→在图 6.41 中输入“文件名 =5”→按下“DNC-ST”软键,序号为“0006”、文件名为“5”的程序被调出→选择“单节执行”→按下“循环启动”键→按下 PROG 键→显示如图 6.42 画面,确认加工程序是否正确→取消“单节执行”→按下“循环启动”键加工。

```
程序        BC:00000000           F0000 N00002





) ^                                 OS100% T0000
 RMT **** *** ***         00:33:53
( 程序 )( 检测 )( 当前 )(下一步)((操作))
```

图 6.38　DNC 操作 1

```
程序        BC:00000000           F0000 N00002





) ^                                 OS100% T0000
 RMT **** *** ***         00:34:33
(      )( 主机 )( 连接 )(DNC-CD)((操作))
```

图 6.39　DNC 操作 2

```
DNC 操作(存储卡)                   F0000 N00002
序号.    文件名                    大小    日期
 0001 O7777                        272 09-05-12
 0002 O7000                        292 07-09-11
 0003 O7999                        330 07-10-29
 0004 O1234.CUT                 512044 09-06-01
 0005 O23456.CUT                512053 09-06-01
 0006 5                            152 09-06-01
 0007 O7070                        340 09-08-07
 0008 O0004                        228 09-08-07
 0009 123456.CUT                512076 09-06-01
     DNC 文件名 :
) ^                                 OS100% T0000
 RMT **** *** ***         00:35:22
(      )( 主机 )( 连接 )(DNC-CD)((操作))
```

图 6.40　DNC 操作 3

```
DNC  操作(存储卡)                        F0000  N00002
序号.      文件名                     大小       日期
 0006  5                              152  09-06-01
 0007  O7070                          340  09-08-07
 0008  O0004                          228  09-08-07
 0009  123456.CUT                  512076  09-06-01
 0010  99.CUT                       20634  09-06-03
 0011  909.CUT                       1370  09-06-04
 0012  O123.TXT                       412  09-06-15
 0013  9.CUT                        17724  09-07-06
 0014  HDCPY000.BMP                 38462  05-11-11

   DNC  文件名  :      5
)^                                        OS100%  T0000
 RMT  ****  ***  ***        00:36:59
(F搜索  )(        )(        )(          )(DNC-ST)
```

图 6.41　调出加工

```
程序检查                                  F0000  N00002
O0111  ;
G17  G21  G40  ;
G00  G90  G54  X-70.  Y26.  ;
M03  S800  ;
 (绝对坐标)       (待走量)     G00    G94    G80
X      8.530   X       0.000  G17    G21    G98
Y     19.374   Y       0.000  G90    G40    G50
Z     75.691   Z       0.000  G22    G49    G67

                               H      M
     T                         D
     F                    S
)^                                        OS100%  T0000
 RMT  STOP  ***  ***        00:39:37
(  绝对  )( 相对  )(        )(          )((操作))
```

图 6.42　核对加工程序

四、知识能力点的扩展

1. DNC 的概念

传统的 DNC(Direct Numerical Control，直接数控)系统对应的是 1980 年颁布的 DNC 国际标准 ISO2806。其含义为，此系统使一群数控机床与公用零件程序或加工程序存储器发生联系，一旦提出请求，它立即把数据分配给有关机床。

1994 年颁布的新的 DNC 国际标准 ISO2806 将 DNC 定义为“Distributed Numerical Control (分布式数控)”，其含义为在生产管理计算机和多个数控系统之间分配数据的分级系统，如图 6.43 所示。

DNC 技术在不断发展，仅满足程序传输和数据管理功能的 DNC 已经成为传统意义上的 DNC 软件。需要在传统的 DNC 软件基础上增加数控程序的数据库管理、程序流程管理、车间工况信息采集以及信息查询等功能，将它们发展成为新一代的 DNC 网络才能满足当今车间环境中信息交换的需要

2. 通信方式

1) RS－232－C 接口

RS－232－C 接口(又称 EIA RS－232－C)是目前最常用的一种串行通信接口。它是在

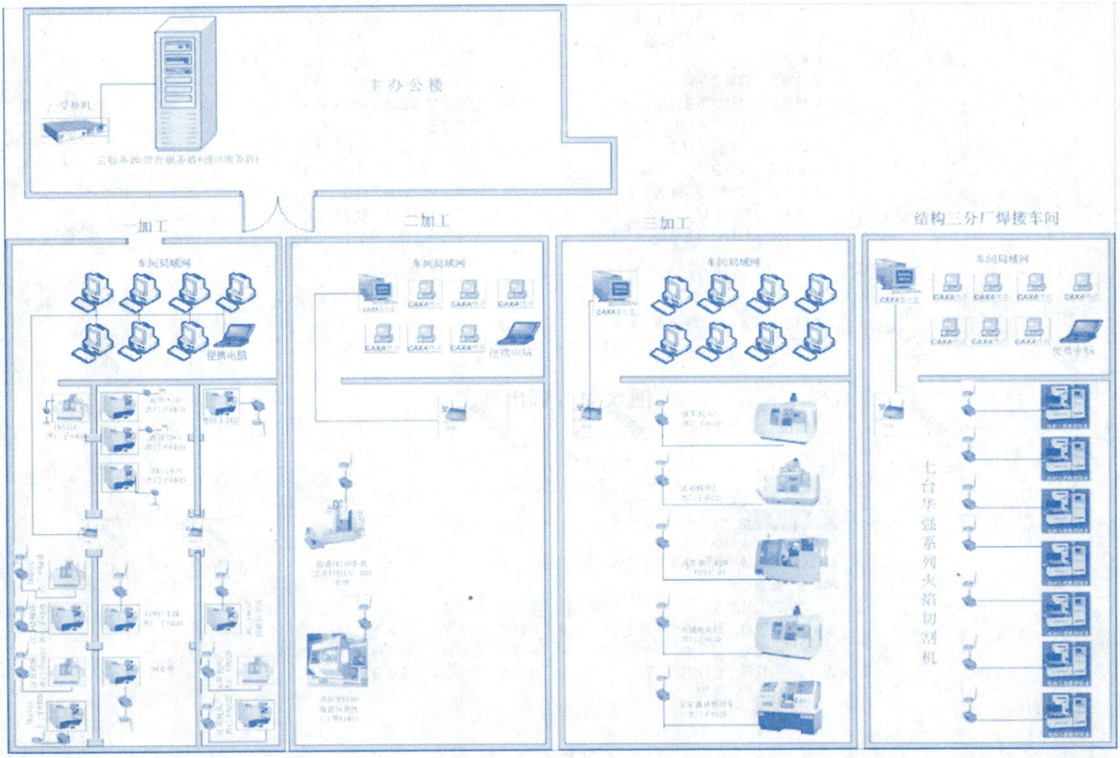

图 6.43　DNC 示意图

1970 年由美国电子工业协会(EIA)联合贝尔系统、调制解调器厂家及计算机终端生产厂家共同制定的用于串行通信的标准。它的全名是“数据终端设备(DTE)和数据通信设备(DCE)之间串行二进制数据交换接口技术标准”。该标准规定采用一个 25 个脚的 DB25 连接器(在计算机与终端通信中一般只使用 3 ~ 9 条引线),对连接器的每个引脚的信号内容加以规定,还对各种信号的电平加以规定。

由于 RS - 232 - C 接口标准出现较早,难免有不足之处,其不足主要有以下几点。

(1)传输速率较低,在异步传输时,波特率为 20 kb/s。

(2)接口使用一根信号线和一根信号返回线构成共地的传输形式,这种共地传输容易产生共模干扰,所以抗噪声干扰性弱。

(3)传输距离有限,最大传输距离标准值为 15 m。

(4)接口的信号电平值较高,易损坏接口电路的芯片,又因为其与 TTL 电平不兼容,故需使用电平转换电路与 TTL 电路连接。

2)RS - 485 接口

针对 RS - 232 - C 的不足,不断出现一些新的接口标准,RS - 485 就是其中之一,它具有以下特点 。

(1)RS - 485 的电气特性:逻辑“1”以两线间的电压差为 + (2 ~ 6) V 表示;逻辑“0”以两线间的电压差为 - (2 ~ 6) V 表示。接口信号电平比 RS - 232 - C 降低,因此不易损坏接口电路的芯片，且该电平与 TTL 电平兼容，可方便地与 TTL 电路连接。

(2) RS－485 的数据最高传输速率为(10～100) Mb/s。

(3) RS－485 接口是采用平衡驱动器和差分接收器的组合，抗共模干扰能力增强，即抗噪声干扰性好。

(4) RS－485 接口的最大传输距离标准值为 4 000 英尺，实际上可达 3 000 m。另外 RS－232－C 接口在总线上只允许连接 1 个收发器，即单站能力。而 RS－485 接口在总线上允许连接多达 256 个收发器，即具有多站能力。这样用户可以利用单一的 RS－485 接口方便地建立起设备网络。

因为 RS－485 接口具有良好的抗噪声干扰性、长的传输距离和多站能力等优点使其成为首选的串行接口。因为 RS－485 接口组成的半双工网络，一般只需两根连线，所以 RS－485 接口均采用屏蔽双绞线传输。RS－485 接口连接器采用 DB－9 的 9 芯插头座，与智能终端 RS－485 接口采用 DB－9(孔)。

3) 无线传输(解读 IEEE802. 11 标准)

无线局域网(WLAN)是将无线电波作为传输媒介的一种计算机网络系统，它的出现让人们摆脱了必须依靠有线线缆来连接网络的束缚，使人们长期所期待的跨越时空连接网络的梦想成为现实。电子与电气工程师组织(IEEE)在 1997 年及随后颁布的 IEEE802. 11 WLAN 系列标准，极大地推动了 WLAN 的发展，使之成为全球第一个公认的 WLAN 标准。

(1) 传输方式。IEEE802. 11 定义的物理层支持三种传输方式，即红外传输方式和两种射频方式，其中射频方式采用扩展频谱通信。

(2) 安全性。WLAN 在物理上开放的传输媒质使得只要符合协议要求的无线系统均可能在信号覆盖范围内收到所有信息，为了达到和有线网络同等的安全性能，IEEE802. 11 采取了验证和加密措施。其中，验证提供了类似有线网络的物理连接，加密则提供了有线网络的封闭性。

(3) 验证。验证程序提供了控制 WLAN 接入的能力，这一过程被所有无线终端用来建立自己合法接入到 AP 的身份标志，如果 AP 各站之间无法完成相互间的验证，那么它们就不能建立有效的连接。IEEE802. 11 协议支持多个不同的验证过程，并且允许验证方案扩充。

(4) 加密。IEEE802. 11 提供的加密方式采用 WEP 机制，它的使用可以通过帧控制字段的 WEP 子字段进行设置，WEP 机制对数据的加密和解密都使用同样的算法和密钥。它包括“共享密钥”认证和“数据加密”两个过程。“共享密钥”认证使得那些没有正确 WEP 密钥的用户无法访问网络，而“数据加密” 则要求网络中所有数据的发送和接收都必须使用密钥加密。

附录

附录一 FANUC 系统加工中心的准备功能与辅助功能

一、FANUC 系统加工中心的准备功能

FANUC 数控系统的准备功能表

G 代码	组别	说明	附注
◢ G00	01	快速定位	模态
◢ G01		直线插补	模态
G02		顺时针圆弧插补	模态
G03		逆时针圆弧插补	模态
G04	00	暂停	非模态
G05.1		AI 先行控制	非模态
G08		先行控制	非模态
G09		准确停止	非模态
G10		数据设置	模态
G11		数据设置取消	模态
◢ G15	17	极坐标指令取消	模态
G16		极坐标指令	模态
◢ G17	02	*XY* 平面选择(缺省状态)	模态
◢ G18		*ZX* 平面选择	模态
◢ G19		*YZ* 平面选择	模态
G20	06	英制(in)	模态
G21		米制(mm)	模态
◢ G22	04	行程检查功能打开	模态
G23		行程检查功能关闭	模态
G27	00	参考点返回检查	非模态
G28		参考点返回	非模态
G30		第 2、3、4 参考点返回	非模态
G31		跳步功能	非模态
G33	01	螺纹切削	模态

续表

G代码	组别	说明	附注
G37	00	自动刀具测量	非模态
G39		拐角偏置圆弧插补	非模态
◢ G40	07	刀具半径补偿取消	模态
G41		刀具半径左补偿	模态
G42		刀具半径右补偿	模态
G43	08	刀具长度正补偿	模态
G44		刀具长度负补偿	模态
G45	00	刀具偏置增加	非模态
G46		刀具偏置减小	非模态
G47		2倍刀具偏置增加	非模态
G48		2倍刀具偏置减小	非模态
◢ G49	08	刀具长度补偿取消	模态
◢ G50	11	比例缩放取消	模态
G51		比例缩放有效	模态
◢ G50.1	22	可编程镜像取消	模态
G51.1		可编程镜像有效	模态
G52	00	局部坐标系设置	非模态
G53		机床坐标系设置	非模态
◢ G54	14	第一工件坐标系设置	模态
G54.1		选择附加工件坐标系	模态
G55		第二工件坐标系设置	模态
G56		第三工件坐标系设置	模态
G57		第四工件坐标系设置	模态
G58		第五工件坐标系设置	模态
G59		第六工件坐标系设置	模态
G60	00/01	单方向定位	非模态
G61	15	准确停止方式	模态
G62		自动拐角倍率	模态
G63		攻螺纹方式	模态
◢ G64		切削方式	模态
G65	00	宏程序调用	非模态
G66	12	宏程序模态调用	模态
◢ G67		宏程序模态调用取消	模态

续表

G 代码	组别	说明	附注
G73	09	高速深孔排屑钻	模态
G74		左旋攻螺纹循环	模态
G76		精镗循环	模态
◢G80		钻孔固定循环取消	模态
G81		钻孔循环	模态
G82		钻孔循环	模态
G83		深孔排屑钻	模态
G84		右旋攻螺纹循环	模态
G85		镗孔循环	模态
G86		镗孔循环	模态
G87		背镗循环	模态
G88		镗孔循环	模态
G89		镗孔循环	模态
◢G90	03	绝对坐标编程	模态
◢G91		增量坐标编程	模态
G92	00	工件坐标原点设置或限制最高主轴转速	非模态
G92.1		工件坐标系预置	非模态
◢G94	05	每分进给	模态
G95		每转进给	模态
G96	13	恒表面速度控制	模态
◢G97		恒表面速度取消	模态
◢G98	10	固定循环中,返回到初始点	模态
G99		固定循环中,返回到 *R* 点	模态

注:

(1)如果设定参数(№.3402 的第六位 CLR),使用电源接通或复位时 CNC 进入清除状态,此时 G 代码的状态如下。

①当机床电源打开或按复位键时,标有"◢"符号的 G 代码被激活,即缺省状态。

②由于电源打开或复位,使系统被初始化,已指定的 G20 或 G21 代码保持有效。

③用参数№.3402#7(G23)设置电源接通时是 G22 或 G23。另外将 CNC 复位为清除状态时,已指定的 G22 或 G23 代码保持有效。

④ 设定参数№.3402#0(G01)可以选择 G01 或 G00。

⑤ 设定参数№.3402#3(G91)可以选择 G90 或 G91。

⑥ 设定参数№.3402#1(G18)和#2(G19)可以选择 G17、G18 或 G19。

(2)当指令了 G 代码中未列出的 G 代码或指令了一个未选择功能的 G 代码时,输出 P/S 报警№.010。

(3)不同组的 G 代码可以在同一程序段中指定;如果在同一程序段中指定同组 G 代码,最后指定的 G 代码有效。

(4)如果在固定循环中指令了 01 组的 G 代码,则固定循环被取消,与 G80 相同,但 01 组的 G 代码不受固定循环的影响。

(5)根据参数№.5431#0(MDL)的设定,G60 的组别可以转换。(当 MDL = 0 时,G60 为 00 组 G 代码;当 MDL = 1 时,G60 为 01 组 G 代码)

二、FANUC 系统加工中心的辅助功能

FANUC 数控系统的辅助功能——M 代码及其功能

M 代码	用于数控铣床的功能	附注
M00	程序停止	非模态
M01	程序选择停止	非模态
M02	程序结束	非模态
M03	主轴顺时针旋转	模态
M04	主轴逆时针旋转	模态
M05	主轴停止	模态
M06	换刀	非模态
M08	切削液打开	模态
M09	切削液关闭	模态
M19	主轴准停	模态
M30	程序结束并返回	非模态
M31	旁路互锁	非模态
M52	自动门打开	模态
M53	自动门关闭	模态
M74	错误检测功能打开	模态
M75	错误检测功能关闭	模态
M98	子程序调用	模态
M99	子程序调用返回	模态

附录二　练习试题

试题一

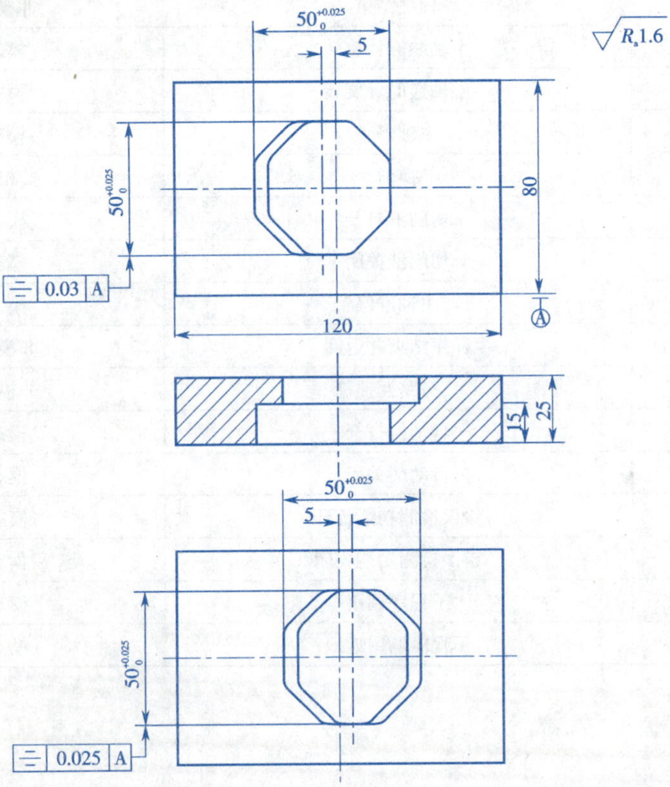

未注圆角半径全部为R8。

数控铣工操作试题一	比例	1:1	材料	45 钢	图号	SX－1

(1)本题分值:100 分。

(2)考核时间:240 分钟。

(3)具体考核要求:上、下八边形保证轮廓尺寸 $3\times50_{0}^{+0.025}$ mm,深度尺寸分别为 10 mm、15 mm,对中心偏移尺寸为 5 mm,位置度为 0.03 mm。

1)材料准备

名　称	规　格	数　量	要　求
45 钢	120 mm×80 mm×25 mm	1 件/每位考生	三面垂直,磨两平面

2)设备、工具、刀具、量具准备

序号	名称	规格(mm)	数量	备注
1	数控铣床	根据考点情况选择		
2	平口钳	对应工件	1 副/每台机床	
3	平口钳扳手	相应平口钳	1 副/每台机床	
4	平口钳固定螺栓板手	相应平口钳	1 副/每台机床	
5	垫铁	对应工件	1 副	
6	橡皮锤		1 把	
7	游标卡尺	0～150　0.02		
8	外径千分尺	25～50, 75～100,100～125　0.01		
9	内径量表	35～50　0.01		
10	深度游标卡尺	0～150　0.02		
11	百分表、磁性表座	0～10　0.01	1 副/每台机床	
12	R 规	$R3\sim25$		
13	塞尺	0.02～1		
14	钻头	$\phi20$		
15	硬质合金 4 刃立铣刀	$\phi12$		
16	刀柄、夹头	以上刀具相关的刀柄,钻夹头,弹簧夹		

3)操作技能考核总成绩表

序号	项目名称	配分	得分	备注
1	现场操作规范	10		
2	工序制订及编程	10		
3	工件质量	80		
合　计		100		

4）现场操作规范评分表

序号	项目	考核内容	配分	考场表现	得分
1	现场操作规范	工具的正确使用	2		
2		量具的正确使用	2		
3		刀具的合理使用	2		
4		设备正确操作和维护保养	4		
合计			10		

5）工序制订及编程评分表

序号	项目	考核内容	配分	实际情况	得分
1	工序制订	工序制订合理，刀具选择正确	3		
2	指令应用	指令应用合理、得当、正确	4		
3	程序格式	程序格式正确，符合工艺要求	3		
合计			10		

6）工件质量评分表

序号	项目	技术要求	配分	评分标准	检测记录	得分
1	上面八边形内腔	$50_{0}^{+0.025}$ mm	13	超差 0.01 mm 扣 2 分		
2		位置度 0.03 mm	4	超差 0.01 mm 扣 2 分		
3		深度 10 mm	3	超差 0.1 mm 扣 2 分		
4		对中心偏移 5 mm	5	每错一处扣 3 分		
5		$R8$ mm	5	每错一处扣 2 分		
6		$R_a1.6$ μm	5	每错一处扣 1 分		
7	下面八边形内腔	$50_{0}^{+0.025}$ mm	13	超差 0.01 mm 扣 2 分		
8		对称度 0.025 mm	4	超差 0.01 mm 扣 2 分		
9		深度 15 mm	5	超差 0.1 mm 扣 2 分		
10		对中心偏移 5 mm	5	每错一处扣 3 分		
11		$R8$ mm	5	每错一处扣 2 分		
12		$R_a1.6$ μm	5	每错一处扣 1 分		
13	其他	工件按时完成	5	未按时完成全扣		
14		工件无缺陷	3	缺陷一处扣 1 分		
合计			80			

试题二

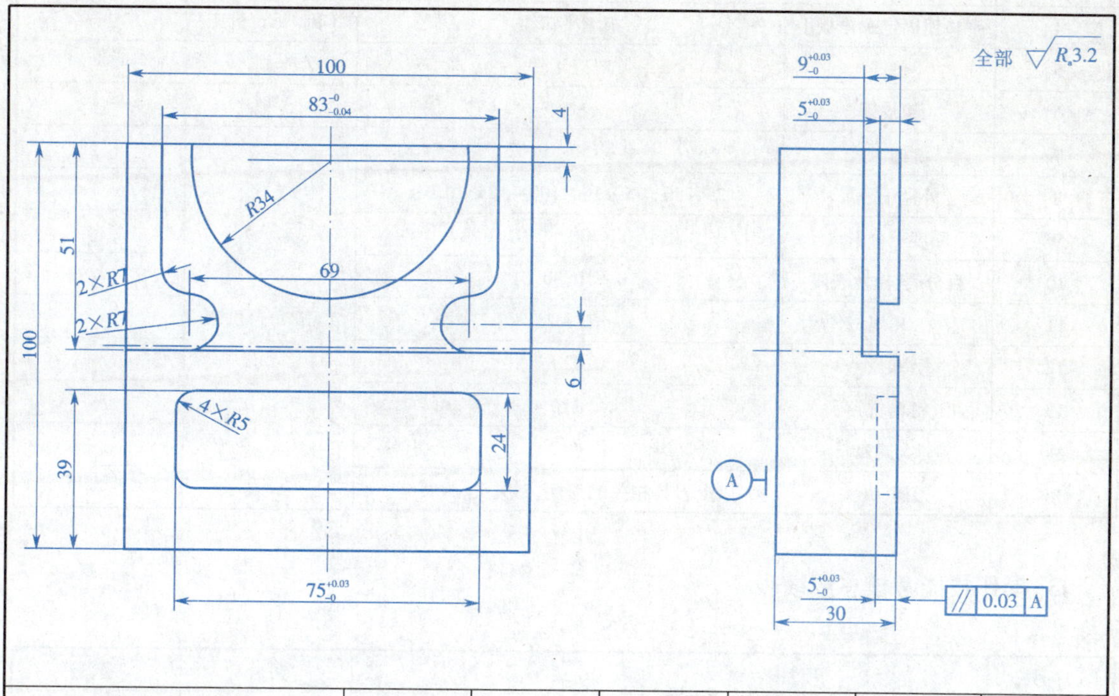

数控铣工操作试题二	比例	1:1	材料	45 钢	图号	SX－2

（1）本题分值:100 分。

（2）考核时间:240 分钟。

（3）具体考核要求:内轮廓尺寸 4 × $R5$ mm、$79_0^{+0.03}$ mm、27 mm,高度尺寸 $8_0^{+0.03}$ mm、6 mm;外轮廓尺寸 $R37$ mm、2 × $R7$ mm、2 × $R10$ mm、54 mm、72 mm、6 mm、7 mm、$86_{-0.03}^{+0}$ mm,高度尺寸 $8_0^{+0.03}$ mm;全部表面结构为 $R_a3.2$ μm。

1)材料准备

名称	规格	数量	要求
45 钢	100 mm × 100 mm × 30 mm	1 件/每位考生	三面垂直,磨两平面

2)设备、工具、刀具、量具准备

序号	名称	规格(mm)	数量	备注
1	数控铣床	根据考点情况选择		
2	平口钳	对应工件	1 副/每台机床	

续表

序号	名称	规格(mm)	数量	备注
3	平口钳扳手	相应平口钳	1副/每台机床	
4	平口钳固定螺栓扳手	相应平口钳	1副/每台机床	
5	垫铁	对应工件	1副	
6	橡皮锤		1把	
7	游标卡尺	0~150　0.02	1副/每台机床	
8	外径千分尺	25~50, 75~100, 100~125　0.01		
9	深度千分卡尺	0~100　0.01		
10	百分表、磁性表座	0~10　0.01		
11	R规	$R3$~25		
12	塞尺	0.02~1		
13	键槽铣刀	$\phi10$		
14	立铣刀	$\phi12$		
15	刀柄、夹头	以上刀具相关的刀柄，钻夹头，弹簧夹		

3)操作技能考核总成绩表

序号	项目名称	配分	得分	备注
1	现场操作规范	10		
2	工序制订及编程	10		
3	工件质量	80		
合　　计		100		

4)现场操作规范评分表

序号	项目	考核内容	配分	考场表现	得分
1	现场操作规范	工具的正确使用	2		
2		量具的正确使用	2		
3		刀具的合理使用	2		
4		设备正确操作和维护保养	4		
合计			10		

5)工序制订及编程评分表

序号	项目	考核内容	配分	实际情况	得分
1	工序制订	工序制订合理,刀具选择正确	3		
2	指令应用	指令应用合理、得当、正确	4		
3	程序格式	程序格式正确,符合工艺要求	3		
合计			10		

6)工件质量评分表

序号	项目	技术要求	配分	评分标准	检测记录	得分
1	外轮廓	54 mm	2	超差全扣		
2		72 mm	2	超差全扣		
3		$86^{+0}_{-0.03}$ mm	8	超差 0.01 mm 扣 2 分		
4		6 mm	2	超差全扣		
5		7 mm	2	超差全扣		
6		$2\times R7$ mm	4	每错一处扣 2 分		
7		$2\times R10$ mm	4	每错一处扣 2 分		
8		$R37$ mm	4	超差全扣		
9		深度 $8^{+0.03}_{0}$ mm	8	超差 0.01 mm 扣 2 分		
10	内轮廓	深度 $12^{+0.03}_{0}$ mm	8	超差 0.01 mm 扣 2 分		
11		$4\times R5$ mm	4	每错一处扣 1 分		
12		$79^{+0.03}_{0}$ mm	8	超差 0.01 mm 扣 2 分		
13		27 mm	2	超差全扣		
14		42 mm	2	超差全扣		
15		深度 $8^{+0.03}_{0}$ mm	8	超差 0.01 mm 扣 2 分		
16		// 0.03 A	4	超差 0.01 mm 扣 1 分		
17	其他	$R_a3.2$ μm	4	降级每处扣 1 分		
18		工件按时完成	2	未按时完成全扣		
19		工件无缺陷	2	缺陷一处扣 3 分		
合计			80			

试题三

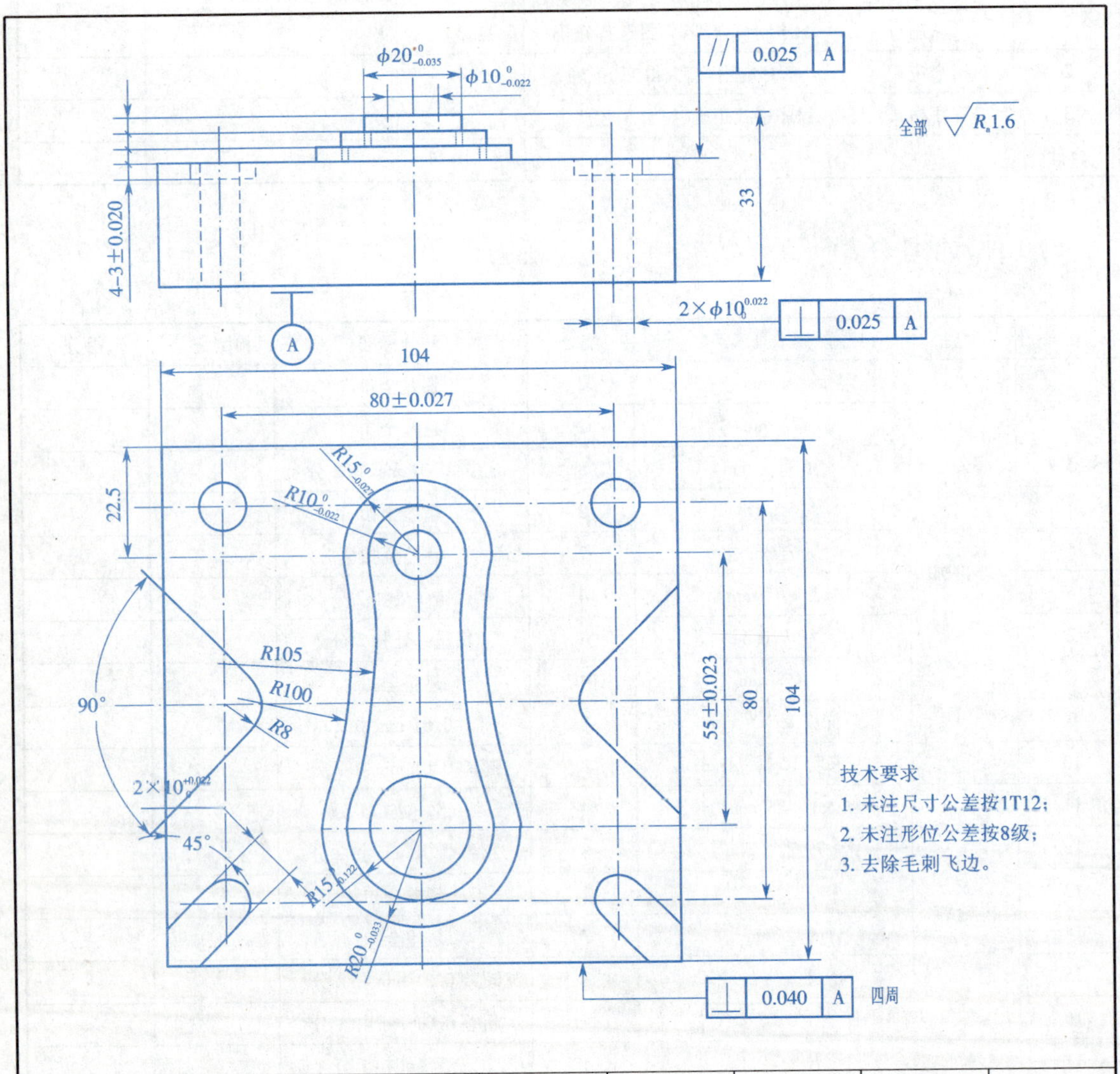

数控铣工操作试题三	比例	1:1	材料	LY12	图号	SX－3

(1)本题分值:100 分。

(2)考核时间:240 分钟。

(3)具体考核要求:轮廓尺寸 $10^{0}_{-0.022}$ mm、$2\times\phi10^{+0.022}_{0}$ mm、$2\times10^{+0.022}_{0}$ mm、$\phi20^{0}_{-0.033}$ mm、$R10^{0}_{-0.022}$ mm、$2\times R15^{0}_{-0.022}$ mm、$R20^{0}_{-0.022}$ mm、$55^{+0.023}_{-0.023}$ mm、$80^{+0.027}_{0}$ mm;高度尺寸 $4\times3^{+0.02}_{-0.02}$ mm、33 mm;全部表面结构为 $R_a1.6$ μm。

1）材料准备

名称	规格	数量	要求
LY12	106 mm × 106 mm × 35 mm	1 件/每位考生	

2）设备、工具、刀具、量具准备

序号	名称	规格（mm）	数量	备注
1	数控铣床	根据考点情况选择		
2	平口钳	对应工件	1 副/每台机床	
3	平口钳扳手	相应平口钳	1 副/每台机床	
4	平口钳固定螺栓板手	相应平口钳	1 副/每台机床	
5	垫铁	对应工件	1 副	
6	橡皮锤		1 把	
7	游标卡尺	0 ~ 150　0.02	1 副/每台机床	
8	外径千分尺	25 ~ 50，75 ~ 100，100 ~ 125　0.01		
9	深度千分卡尺	0 ~ 100　0.01		
10	百分表、磁性表座	0 ~ 10　0.01		
11	R 规	$R3 \sim 25$		
12	塞尺	0.02 ~ 1		
13	键槽铣刀	$\phi10$		
14	立铣刀	$\phi12$，$\phi16$		
15	中心钻	A3		
16	钻头	$\phi9.8$		
17	铰刀	$\phi10H7$		
18	刀柄、夹头	以上刀具相关的刀柄，钻夹头，弹簧夹		

3）操作技能考核总成绩表

序号	项目名称	配分	得分	备注
1	现场操作规范	10		
2	工序制订及编程	10		
3	工件质量	80		
合　计		100		

4)现场操作规范评分表

序号	项目	考核内容	配分	考场表现	得分
1	现场操作规范	工具的正确使用	2		
2		量具的正确使用	2		
3		刀具的合理使用	2		
4		设备正确操作和维护保养	4		
合计			10		

5)工序制订及编程评分表

序号	项目	考核内容	配分	实际情况	得分
1	工序制订	工序制订合理，刀具选择正确	3		
2	指令应用	指令应用合理、得当、正确	4		
3	程序格式	程序格式正确，符合工艺要求	3		
合计			10		

6)工件质量评分表

序号	项目	技术要求	配分	评分标准	检测记录	得分
1	加工尺寸	$10^{0}_{-0.022}$ mm	4	超差 0.02 mm 扣 1 分		
2		$2\times\phi10^{+0.022}_{0}$ mm	10	超差 0.02 mm 扣 1 分		
3		$R10^{+0}_{-0.022}$ mm	4	超差 0.02 mm 扣 1 分		
4		$\phi20^{0}_{-0.022}$ mm	4	超差 0.02 mm 扣 1 分		
5		$2\times R15^{0}_{-0.022}$ mm	6	超差 0.02 mm 扣 1 分		
6		$R20^{0}_{-0.022}$ mm	4	超差 0.02 mm 扣 1 分		
7		55 ± 0.023 mm	5	超差 0.02 mm 扣 1 分		
8		$80^{+0.027}_{0}$ mm	5	超差 0.02 mm 扣 1 分		
9		深度 $4\times3\pm0.02$ mm	12	超差 0.02 mm 扣 1 分		
10		33 mm	2	超差 0.05 mm 扣 1 分		
11		45°	2	超差全扣		
12		90°	2	超差全扣		
13		平行度 0.025 mm	2	超差 0.01 mm 扣 2 分		
14		垂直度 0.025 mm	2	超差 0.01 mm 扣 2 分		
15		垂直度 0.04 mm	2	超差 0.01 mm 扣 2 分		
16		$R_a1.6$ μm	8	降级每处扣 1 分		

续表

序号	项目	技术要求	配分	评分标准	检测记录	得分
17	其他	工件按时完成	3	未按时完成全扣		
18		工件无缺陷	3	缺陷一处扣 3 分		
合计			80			

试题四

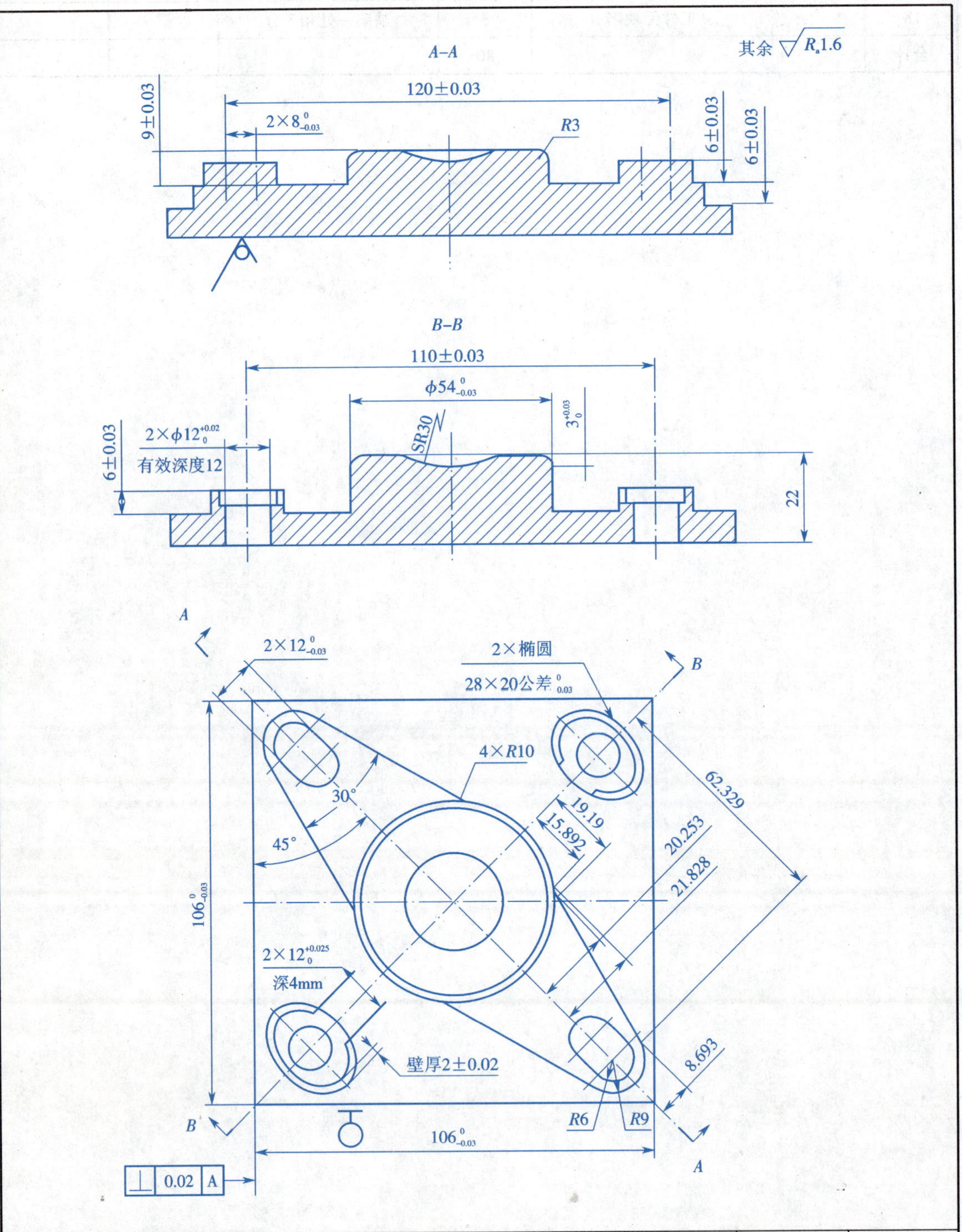

数控铣工操作试题四	比例	1:1	材料	LY12	图号	SX－4

(1)本题分值:100 分。

(2)考核时间:240 分钟。

(3)具体考核要求:轮廓尺寸 $2\times12_{-0.03}^{+0}$ mm、$2\times12_{0}^{+0.025}$ mm、2 ± 0.02 mm、$\phi54_{-0.03}^{+0}$ mm、$106_{-0.03}^{+0}$ mm、110 ± 0.03 mm、120 ± 0.03 mm、SR30 mm、椭圆;高度尺寸 $3_{0}^{+0.03}$ mm、$3\times6\pm0.03$ mm、9 ± 0.03 mm、22 mm;其他尺寸 $R6$ mm、$R9$ mm、30°、45°,垂直度 0.02 mm,全部表面结构 $R_a1.6$ μm。

1)材料准备

名称	规格	数量	要求
LY12	110 mm×110 mm×25 mm	1 件/每位考生	考场准备

2)设备、工具、刀具、量具准备

序号	名称	规格(mm)	数量	备注
1	数控铣床	根据考点情况选择		
2	平口钳	相应机床	1/每台	
3	钻夹头	相应机床	1/每台	
4	弹簧刀柄	相应机床	1/每台	
5	弹簧套	$\phi10$	1/每台	
6	弹簧套	$\phi14$	1/每台	
7	卸刀器		1/每场地	
8	铜锤		1	
9	中心钻	A3	1	
10	油石		1	
11	铰刀	$\phi12$H7	1	
12	铣刀	$\phi10$,$\phi14$	1	
13	铣刀		1	
14	铣刀	$\phi10$(合金),$\phi14$(合金)	1	
15	球头铣刀	$R5$($\varphi10$)	1	
16	钻头	$\phi10$	1	
17	游标卡尺	0~130	1	
18	百分表	0~10　0.01	1	
19	千分尺	0~25,25~50,50~75,75~100　0.01	1	
20	深度千分尺	0~100　0.01	1	
21	塞规	$\phi12$H8	1	
22	塞尺	0.02~1	1	

续表

序号	名称	规格(mm)	数量	备注
23	R规	$R2 \sim 10$	1	
24	磁力表座		1	

3)操作技能考核总成绩表

序号	项目名称	配分	得分	备注
1	现场操作规范	10		
2	工序制订及编程	10		
3	工件质量	80		
合　　计		100		

4)现场操作规范评分表

序号	项目	考核内容	配分	考场表现	得分
1	现场操作规范	工具的正确使用	2		
2		量具的正确使用	2		
3		刀具的合理使用	2		
4		设备正确操作和维护保养	4		
合计			10		

5)工序制订及编程评分表

序号	项目	考核内容	配分	实际情况	得分
1	工序制订	工序制订合理，刀具选择正确	3		
2	指令应用	指令应用合理、得当、正确	4		
3	程序格式	程序格式正确,符合工艺要求	3		
合计			10		

6）工件质量评分表

序号	项目	技术要求	配分	评分标准	检测记录	得分
1	轮廓尺寸	$2\times12^{+0}_{-0.03}$ mm	8	超差0.02 mm扣1分		
2		$2\times12^{+0.025}_{0}$ mm	6	超差0.02 mm扣1分		
3		2 ± 0.02 mm	4	超差0.02 mm扣1分		
4		$\phi54^{+0}_{-0.03}$ mm	4	超差0.02 mm扣1分		
5		$106^{+0}_{-0.03}$ mm	4	超差0.02 mm扣1分		
6		110 ± 0.03 mm	4	超差0.02 mm扣1分		
7		120 ± 0.03 mm	4	超差0.02 mm扣1分		
8		SR30 mm	4	超差不得分		
9		椭圆	4	超差不得分		
10	高度	$3^{+0.03}_{0}$ mm	4	超差0.02 mm扣1分		
11		$3\times6\pm0.03$ mm	4	超差0.02 mm扣1分		
12		9 ± 0.03 mm	4	超差0.02 mm扣1分		
13		22 mm	2	超差0.05 mm扣1分		
14	其他	$R6$ mm	2	超差不得分		
15		$R9$ mm	2	超差不得分		
16		30°	2	超差不得分		
17		45°	2	超差不得分		
18		垂直度0.02 mm	4	超差0.01 mm扣1分		
19		$R_a1.6$ μm	6	降级每处扣1分		
20		工件按时完成	3	未按时完成全扣		
21		工件无缺陷	3	缺陷一处扣3分		
合计			80			

试题五

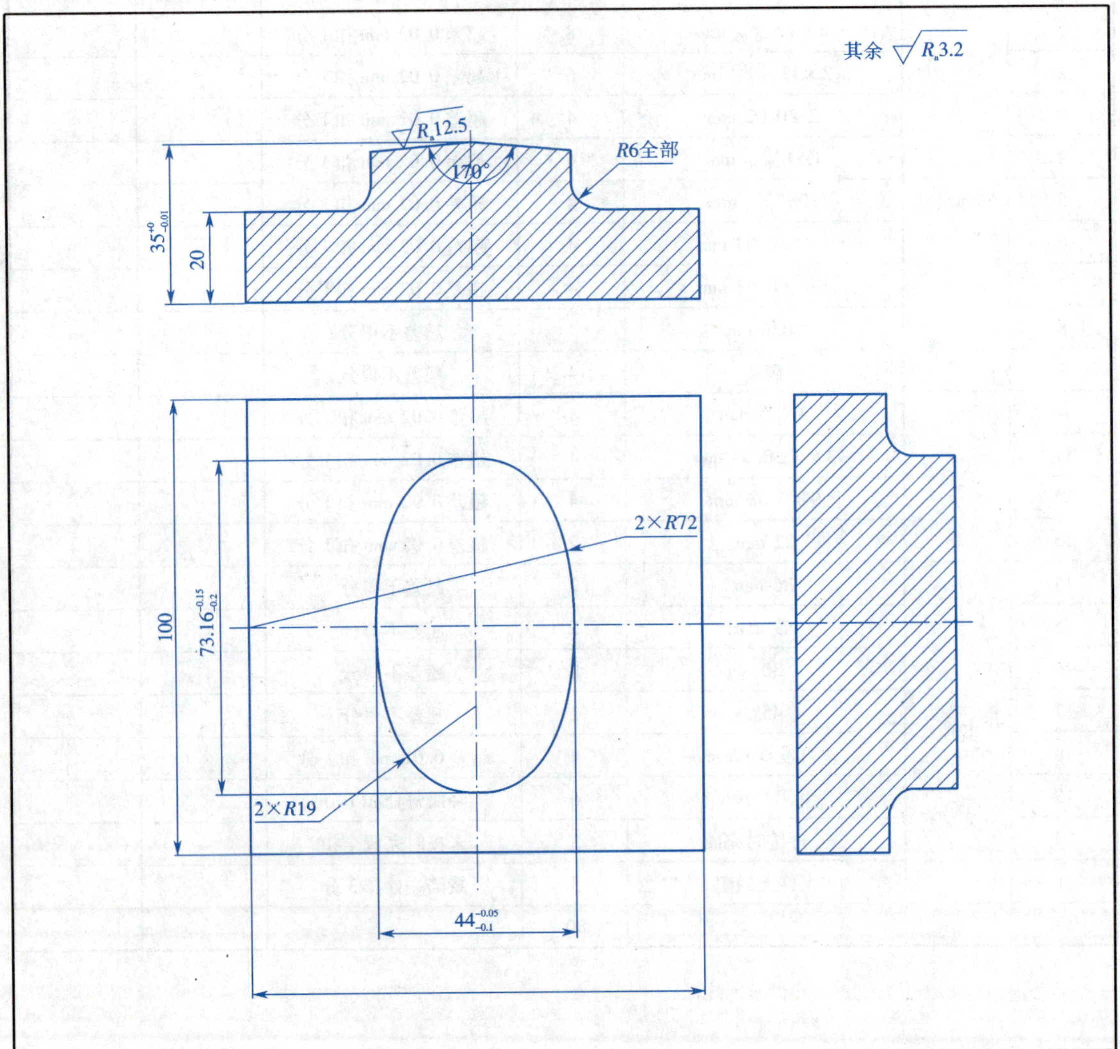

数控铣工操作试题五	比例	1:1	材料	LY12	图号	SX－5

（1）本题分值：100 分。

（2）考核时间：240 分钟。

（3）具体考核要求：轮廓尺寸 $44^{-0.05}_{-0.10}$ mm、$73.16^{-0.15}_{-0.20}$ mm、$R6$ mm、$2\times R19$ mm、$2\times R72$ mm、100 mm；高度尺寸 $35^{0}_{-0.01}$ mm、20 mm；其他尺寸 170°，全部表面结构为 $R_a3.2$ μm。

1）材料准备

名称	规格	数量	要求
LY12	101 mm×101 mm×38 mm	1 件/每位考生	考场准备

2）设备、工具、刀具、量具准备

序号	名称	规格（mm）	数量	备注
1	数控铣床	根据考点情况选择		
2	平口钳	相应机床	1/每台	
3	钻夹头	相应机床	1/每台	
4	弹簧刀柄	相应机床	1/每台	
5	弹簧套	$\phi10$，$\phi12$，$\phi20$	1/每台	
6	卸刀器		1/每场地	
7	橡皮锤		1	
8	油石		1	
9	铣刀	$\phi10$（合金），$\phi20$（合金）	1	
10	球头铣刀	$R5$（$\phi10$）	1	
11	游标卡尺	0～130	1	
12	百分表	0～10　0.01	1	
13	千分尺	0～25，25～50，50～75，75～100　0.01	1	
14	深度千分尺	0～100　0.01	1	
15	塞尺	0.021	1	
16	万能角度尺	0～320　2’	1	
17	R 规	$R2$～10	1	
18	磁力表座		1	

3)操作技能考核总成绩表

序号	项目名称	配分	得分	备注
1	现场操作规范	10		
2	工序制订及编程	10		
3	工件质量	80		
合　　计		100		

4)现场操作规范评分表

序号	项目	考核内容	配分	考场表现	得分
1	现场操作规范	工具的正确使用	2		
2		量具的正确使用	2		
3		刀具的合理使用	2		
4		设备正确操作和维护保养	4		
合计			10		

5)工序制订及编程评分表

序号	项目	考核内容	配分	实际情况	得分
1	工序制订	工序制订合理，刀具选择正确	3		
2	指令应用	指令应用合理、得当、正确	4		
3	程序格式	程序格式正确，符合工艺要求	3		
合计			10		

6)工件质量评分表

序号	项目	技术要求	配分	评分标准	检测记录	得分
1	轮廓尺寸	$44^{-0.05}_{-0.10}$ mm	12	超差 0.02 mm 扣 1 分		
2		$73.16^{-0.15}_{-0.20}$ mm	12	超差 0.02 mm 扣 1 分		
3		$R6$ mm	5	超差 0.02 mm 扣 1 分		
4		$2 \times R19$ mm	5	超差 0.02 mm 扣 1 分		
5		$2 \times R72$ mm	8	超差 0.02 mm 扣 1 分		
6		100 mm	5	超差 0.02 mm 扣 1 分		
7	高度	$35^{0}_{-0.01}$ mm	10	超差 0.02 mm 扣 1 分		
8		20 mm	3	超差 0.02 mm 扣 1 分		

续表

序号	项目	技术要求	配分	评分标准	检测记录	得分
9	其他	170°	8	超差 0.02 mm 扣 1 分		
10		R_a3.2 μm	6	降级每处扣 1 分		
11		工件按时完成	3	未按时完成全扣		
12		工件无缺陷	3	缺陷一处扣 3 分		
合计			80			

试题六

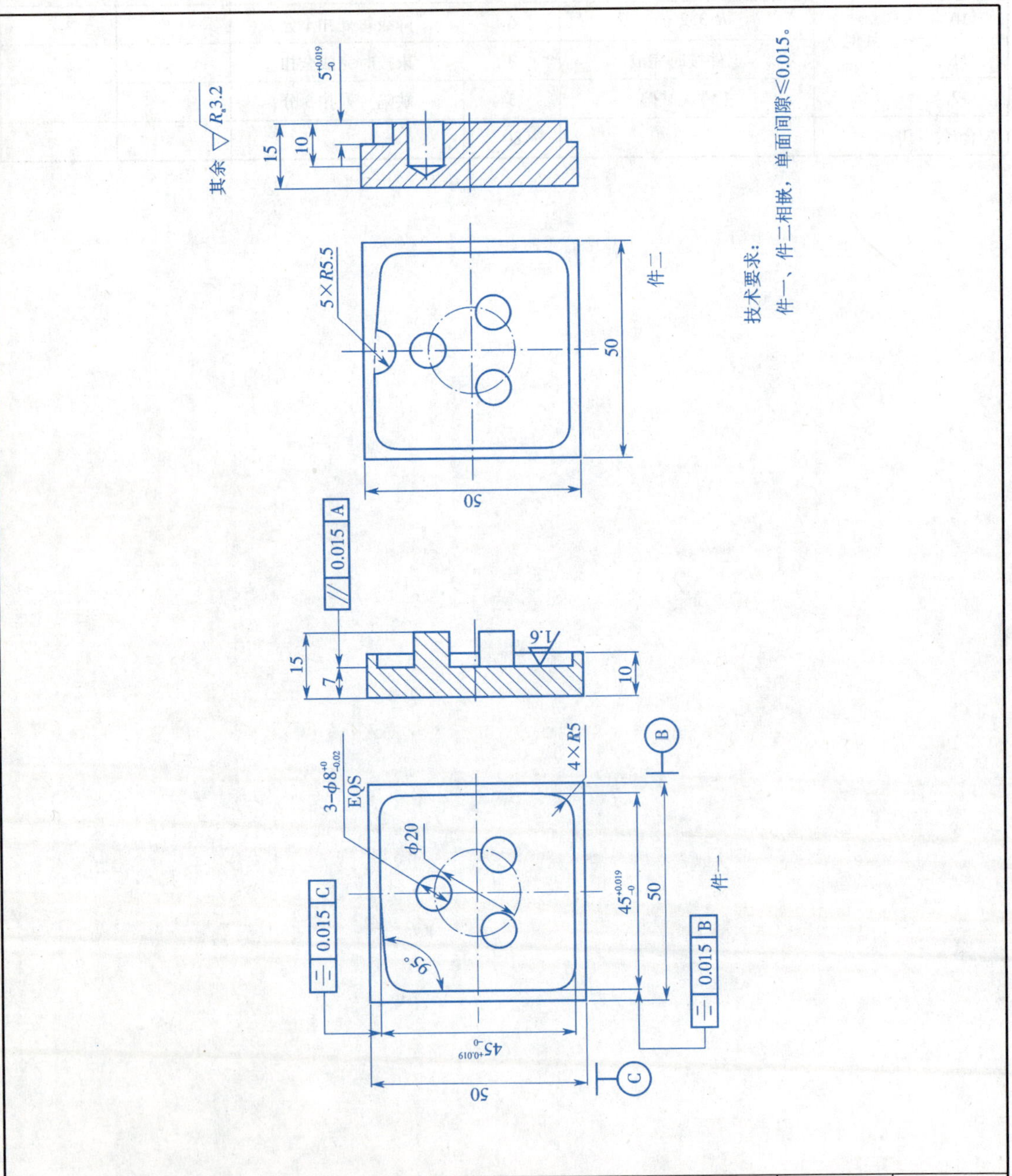

数控铣工操作试题六	比例	1:1	材料	45 钢	图号	SX-6

(1)本题分值:100 分。

(2)考核时间:240 分钟。

(3)具体考核要求:轮廓尺寸 $2\times45_{0}^{+0.019}$ mm、$3\times\phi8_{-0.02}^{0}$ mm;深度尺寸 $5_{0}^{+0.019}$ mm;保证形位公差和表面结构,满足两件的配合要求。

1)材料准备

名称	规格	数量	要求
45 钢,调质	50 mm×50 mm×15 mm	2 件/每位考生	实操考场
备注	毛坯四边平行度、垂直度误差≤0.01 mm		

2)设备、工具、刀具、量具准备

序号	名称	规格(mm)	数量	备注
1	加工中心	行程范围大于 200×150×150	1 台	
2	机床操作工具	相应机床	1 套	
3	钻头	$\phi6$,$\phi8$	1 套	
4	硬质合金立铣刀	$\phi6$,$\phi8$,$\phi10$	1	
5	游标卡尺	0~125　0.02	1	
6	深度游标卡尺	0~125　0.02	1	
7	外径千分尺	0~25,25~50　0.01	1	
8	平口钳及垫铁	钳口宽:100 垫铁上面到钳口表面距离≤6	1 套/台	
9	机床附件	相应机床	1 套/台	

3)操作技能考核总成绩表

序号	项目名称	配分	得分	备注
1	现场操作规范	10		
2	工序制订及编程	10		
3	工件质量	80		
合　　计		100		

4)现场操作规范评分表

序号	项目	考核内容	配分	考场表现	得分
1	现场操作规范	工具的正确使用	2		
2		量具的正确使用	2		
3		刀具的合理使用	2		
4		设备正确操作和维护保养	4		
合计			10		

5)工序制订及编程评分表

序号	项目	考核内容	配分	实际情况	得分
1	工序制订	工序制订合理，刀具选择正确	3		
2	指令应用	指令应用合理、得当、正确	4		
3	程序格式	程序格式正确，符合工艺要求	3		
合计			10		

6)工件质量评分表

序号	项目	技术要求	配分	评分标准	检测记录	得分
1	件一	$2\times45_{0}^{+0.019}$ mm	10	每处每超差 0.02 mm 扣 1 分，超差 0.03 mm 及以上扣 3 分；轮廓错误全扣		
2		$3\times\phi8^{0}_{-0.02}$ mm	10	每处每超差 0.02 mm 扣 1 分，超差 0.04 mm 及以上扣 2 分		
3		对称度 0.015 mm（两处）	8	每处每超差 0.02 mm 扣 1.5 分，超差 0.04 mm 及以上扣 3 分		
4		平行度 0.015 mm	4	每超差 0.02 mm 扣 2 分，超差 0.05 mm 不得分		
5		7 mm（平面高度）	4	超差 0.1 mm 以上不得分		
6		10 mm（平面高度）	4	超差 0.1 mm 以上不得分		
7		$R_a1.6\mu m$	5	超差一级扣 1.5 分		

续表

序号	项目	技术要求	配分	评分标准	检测记录	得分
8	件二	$5_0^{+0.019}$ mm	5	每超差0.01 mm扣1分		
9		两件相嵌	30	①圆柱部分能够镶嵌，间隙符合要求得10分，间隙每超差0.01扣1分。不能镶入不得分 ②外形能够镶入，间隙符合要求，在①的得分基础上加20分；间隙每超差0.01扣2分。不能镶入不得分		
10		其他磕、碰、夹伤、未去毛、刺未倒角以及安全文明生产等		酌情扣分，最多扣5分		
合计			80			

试题七

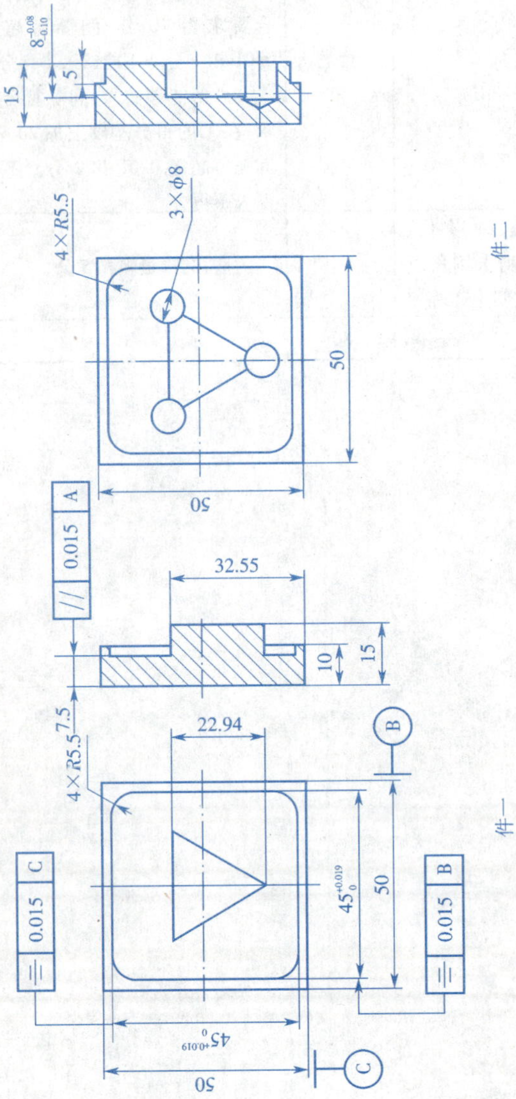

数控铣工操作试题七	比例	1:1	材料	LY12	图号	SX－7

(1)本题分值:100 分。

(2)考核时间:240 分钟。

(3)具体考核要求:轮廓尺寸 $2\times45_{0}^{+0.019}$ mm、2.95 mm、32.65 mm、$4\times R5$ mm、$4\times R5.5$ mm、$3\times\phi8$ mm;高度尺寸 $8_{-0.10}^{-0.05}$ mm、5 mm、7.5 mm、10 mm;保证形位公差和表面结构,满足两件的配合要求。

1)材料准备

名称	规格	数量	要求
45 钢,调质	50 mm×50 mm×15 mm	2 件/每位考生	实操考场
备注	毛坯四边平行度、垂直度误差≤0.01 mm		

2)设备、工具、刀具、量具准备

序号	名称	规格(mm)	数量	备注
1	加工中心	行程范围大于 200×150×150	1 台	
2	机床操作工具	相应机床	1 套	
3	钻头	$\phi6$,$\phi8$	1 套	
4	硬质合金立铣刀	$\phi3$,$\phi4$,$\phi6$,$\phi8$,$\phi10$	1	
5	游标卡尺	0~125　0.02	1	
6	深度游标卡尺	0~125　0.02	1	
7	外径千分尺	0~25,25~50　0.01	1	
8	平口钳及垫铁	钳口宽:100 垫铁上面到钳口表面距离≤6	1 套/台	
9	机床附件	相应机床	1 套/台	

3)操作技能考核总成绩表

序号	项目名称	配分	得分	备注
1	现场操作规范	10		
2	工序制订及编程	10		
3	工件质量	80		
合　计		100		

4)现场操作规范评分表

序号	项目	考核内容	配分	考场表现	得分
1	现场操作规范	工具的正确使用	2		
2		量具的正确使用	2		
3		刀具的合理使用	2		
4		设备正确操作和维护保养	4		
合计			10		

5)工序制订及编程评分表

序号	项目	考核内容	配分	实际情况	得分
1	工序制订	工序制订合理，刀具选择正确	3		
2	指令应用	指令应用合理、得当、正确	4		
3	程序格式	程序格式正确,符合工艺要求	3		
合计			10		

6)工件质量评分表

序号	项目	技术要求	配分	评分标准	检测记录	得分
1	件一	$2\times45_{0}^{+0.019}$ mm	10	每处每超差 0.02 mm 扣 1 分,超差 0.03 mm 及以上扣 3 分;轮廓错误全扣		
2		22.94 mm	2	每处每超差 0.02 mm 扣 1 分,超差 0.04 mm 及以上扣 2 分		
3		32.65 mm	2	每处每超差 0.02 mm 扣 1 分,超差 0.04 mm 及以上扣 2 分		
4		$4\times R5$ mm	2	每处每超差 0.02 mm 扣 1 分,超差 0.04 mm 及以上扣 2 分		
5		10 mm	2	每处每超差 0.02 mm 扣 1 分,超差 0.04 mm 及以上扣 2 分		
6		对称度 0.015 mm(两处)	3	每处每超差 0.02 mm 扣 1.5 分,超差 0.04 mm 及以上扣 3 分		
7		平行度 0.015 mm	4	每超差 0.02 mm 扣 2 分,超差 0.05 mm 不得分		
8		7.5 mm	4	超差 0.1 mm 以上不得分		
9		$R_a1.6\mu m$	5	超差一级扣 1.5 分		

续表

序号	项目	技术要求	配分	评分标准	检测记录	得分
10	件二	$8_{-0.10}^{-0.05}$ mm	10	每超差0.01 mm扣1分		
11		ϕ8 mm	2	每处每超差0.02 mm扣1分，超差0.04 mm及以上扣2分		
12		5 mm	2	每处每超差0.02 mm扣1分，超差0.04 mm及以上扣2分		
13		4×R5.5 mm	2	每处每超差0.02 mm扣1分，超差0.04 mm及以上扣2分		
14		两件相嵌	30	①圆柱部分能够镶嵌，间隙符合要求得10分，间隙每超差0.01扣1分。不能镶入不得分 ②外形能够镶入，间隙符合要求，在①的得分基础上加20分；间隙每超差0.01扣2分。不能镶入不得分		
15		其他磕、碰、夹伤、未去毛、刺未倒角、以及安全文明生产等		酌情扣分，最多扣5分		
合计			80			

试题八

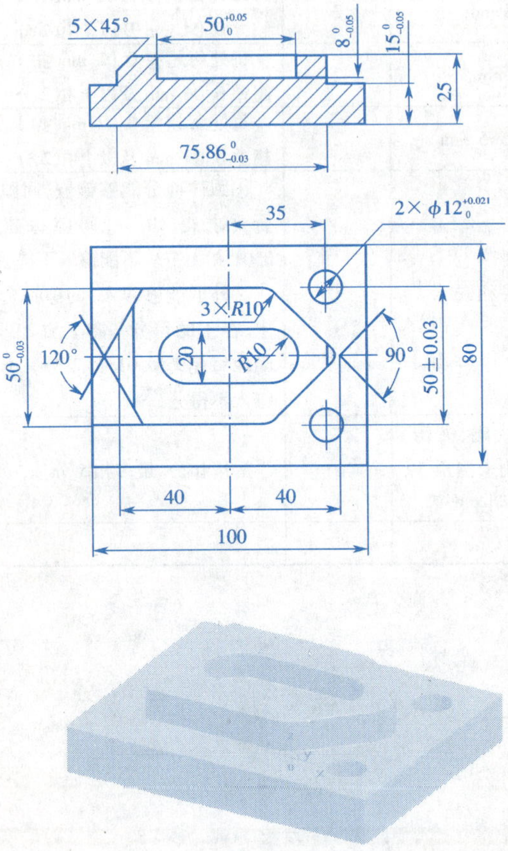

数控铣工操作试题八	比例	1:1	材料	45 钢	图号	SX－8

（1）本题分值:100 分。

（2）考核时间:240 分钟。

（3）具体考核要求:轮廓尺寸 $50_{0}^{+0.05}$ mm、$50_{-0.03}^{0}$ mm、$50_{-0.03}^{+0.03}$ mm、$75.86_{-0.03}^{0}$ mm、$2\times\phi20_{0}^{+0.021}$ mm、$3\times R10$ mm;高度尺寸有 $8_{-0.05}^{0}$ mm、$15_{-0.05}^{0}$ mm;其他尺寸有 $5\times45°$、$90°$、$120°$。

1）材料准备

名称	规格	数量	要求
45 钢	100 mm×85 mm×25 mm	1 件/每位考生	磨六面,保垂直和平行

2）设备、工具、刀具、量具准备

序号	名称	规格(mm)	数量	备注
1	加工中心	行程范围大于 200×150×150	1 台	
2	机床操作工具	相应机床	1 套	
3	中心钻	A3	1	
4	钻头	$\phi10$		
5	立铣刀	$\phi10$,$\phi16$	1	
	键槽铣刀	$\phi10$		
6	游标卡尺	0~125　0.02	1	
7	深度游标卡尺	0~125　0.02	1	
8	外径千分尺	25~50,50~75　0.01	1	
9	平口钳及垫铁	钳口宽:100 垫铁上面到钳口表面距离≤6	1 套/台	
10	机床附件	相应机床	1 套/台	

3）操作技能考核总成绩表

序号	项目名称	配分	得分	备注
1	现场操作规范	10		
2	工序制订及编程	10		
3	工件质量	80		
合　计		100		

4)现场操作规范评分表

序号	项目	考核内容	配分	考场表现	得分
1	现场操作规范	工具的正确使用	2		
2		量具的正确使用	2		
3		刀具的合理使用	2		
4		设备正确操作和维护保养	4		
合计			10		

5)工序制订及编程评分表

序号	项目	考核内容	配分	实际情况	得分
1	工序制订	工序制订合理，刀具选择正确	3		
2	指令应用	指令应用合理、得当、正确	4		
3	程序格式	程序格式正确，符合工艺要求	3		
合计			10		

6)工件质量评分表

序号	项目	技术要求	配分	评分标准	检测记录	得分
1	轮廓尺寸	$50^{+0}_{-0.03}$ mm	10	超差 0.02 mm 扣 1 分		
2		$50_{0}^{+0.05}$ mm	10	超差 0.02 mm 扣 1 分		
3		50 ±0.03 mm	8	超差 0.02 mm 扣 1 分		
4		$75.86^{+0}_{-0.03}$ mm	10	超差 0.02 mm 扣 1 分		
5		$2\times\phi12_{0}^{+0.021}$ mm	8	超差 0.02 mm 扣 1 分		
6		$3\times R10$ mm	6	超差 0.02 mm 扣 1 分		
7		20 mm	2	超差 0.02 mm 扣 1 分		
8	高度	$8^{0}_{-0.05}$ mm	8	超差 0.02 mm 扣 1 分		
9		$15^{0}_{-0.05}$ mm	8	超差 0.02 mm 扣 1 分		
10	其他	5×45°	2	超差不得分		
11		90°、120°	2	超差不得分		
12		工件按时完成	3	未按时完成全扣		
13		工件无缺陷	3	缺陷一处扣 3 分		
合计			80			

附录三　数控铣床、加工中心的主要技术参数

数控机床的技术参数反映了机床的性能及加工范围，操作者在使用数控机床前必须掌握所用机床的主要技术参数，以便正确地操作和合理地使用机床。

VC－1055 立式加工中心主要技术参数

系统	FANUC－0i	技术参数
工作台	工作台尺寸	1 100 mm×525 mm
	工作台最大承重	800 kg
	T 形槽（宽度×数量×间距）	18 mm×5×100 mm
行程	*X* 轴行程（工作台左右行程）	1 000 mm
	Y 轴行程（工作台前后行程）	550 mm
	Z 轴行程（工作台上下行程）	510＋110 mm
	主轴端面至工作台距离	150～770 mm
主轴	主轴电机功率	7.5/9 kW
	主轴转速	60～6 000 r/min
	主轴转速级数	无级
	主轴锥度	BT40
移动速度	各直线坐标进给速度范围	1～4 000 mm/min
	快速移动速度 *X*/*Y*/*Z*	18/18/15 m/min
刀具	刀具最大直径	ϕ150 mm
	刀具最大长度	300 mm
	刀具最大质量	8 kg
	刀库容量（斗笠式）	24
气压		5.5～6 bar

VC－6045 立式加工中心主要技术参数

系统	FANUC－0i	技术参数
工作台	工作台尺寸	750 mm×450 mm
	工作台最大承重	800 kg
	T 形槽（宽度×数量×间距）	18 mm×4×100 mm
行程	*X* 轴行程（工作台左右行程）	600 mm
	Y 轴行程（工作台前后行程）	450 mm
	Z 轴行程（工作台上下行程）	530 mm
	主轴端面至工作台距离	140～670 mm

续表

系统	FANUC－0i	技术参数
主轴	主轴电机功率	5.5/7.5 kW
	主轴转速	60～8 000 r/min
	主轴转速级数	无级
	主轴锥度	BT40
移动速度	各直线坐标进给速度范围	1～4 000 mm/min
	快速移动速度 *X/Y/Z*	18/18/15 m/min
刀具	刀具最大直径	φ150 mm
	刀具最大长度	350 mm
	刀具最大质量	8 kg
	刀库容量(斗笠式)	16
气压		5.5～6 bar

GSVM6540C 立式加工中心主要技术参数

系统	FANUC－0i 和 SINUMERIK 802D	技术参数
工作台	工作台尺寸	800 mm×400 mm
	工作台最大承重	300 kg
行程	*X* 轴行程(工作台左右行程)	650 mm
	Y 轴行程(工作台前后行程)	400 mm
	Z 轴行程(工作台上下行程)	450 mm
	主轴端面至工作台距离	150～600 mm
主轴	主轴电机功率	11 kW
	主轴转速	60～6 000 r/min
	主轴转速级数	无级
	主轴锥度	BT40
移动速度	各直线坐标进给速度范围	1～4 000 mm/min
	快速移动速度 *X/Y/Z*	18/18/15 m/min
刀具	刀库容量(机械臂式)	16
气压		5.5～6 bar

S－1654 立式数控铣床主要技术参数

系统	FANUC－0i 和 R2J100M(大森)	技术参数
工作台	工作台尺寸	1 370 mm×400 mm
	工作台最大承重	800 kg
	T 形槽(宽度×数量×间距)	18 mm×5×100 mm
行程	*X* 轴行程(工作台左右行程)	1 000 mm
	Y 轴行程(工作台前后行程)	480 mm
	Z 轴行程(工作台上下行程)	600 mm
	主轴端面至立柱表面距离	520 mm
主轴	主轴电机功率	7.5/9 kW
	主轴转速	40～6 000 r/min
	主轴转速级数	无级
	主轴锥度	BT40
移动速度	各直线坐标进给速度范围	1～4 000 mm/min
	快速移动速度 *X/Y/Z*	18/18/15 m/min
气压		5.5～6 bar

XD－40A 立式数控铣床主要技术参数

系统	华中世纪星 HNC－21M	技术参数
工作台	工作台尺寸	800 mm×420 mm
	工作台最大承重	300 kg
	T 形槽(宽度×数量×间距)	18 mm×3×125 mm
行程	*X* 轴行程(工作台左右行程)	600 mm
	Y 轴行程(工作台前后行程)	420 mm
	Z 轴行程(工作台上下行程)	520 mm
	主轴端面至立柱表面距离	520 mm
主轴	主轴电机功率	7.5/11 kW
	主轴转速	40～6 000 r/min
	主轴转速级数	无级
	主轴锥度	BT40
移动速度	各直线坐标进给速度范围	1～10 000 mm/min
	快速移动速度 *X/Y/Z*	18/18/15 m/min
气压		5.5～6 bar

参考文献

[1]余英良.数控铣削[M].北京:化学工业出版社,2007.
[2]吴明友.数控铣床(FANUC)考工实训教程[M].北京:化学工业出版社,2006.
[3]王荣兴.加工中心培训教程[M].北京:机械工业出版社,2006.
[4]劳动和社会保障部教材办公室.数控铣工(高级).北京:中国社会保障出版社,2008.
[5]陈海舟.数控铣削加工宏程序及应用实例[M].北京:机械工业出版社,2006.
[6]翟瑞波.数控铣床/加工中心编程与操作实例[M].北京:机械工业出版社,2007.
[7]沈建峰.数控铣床/加工中心编程与操作实训[M].北京:国防工业出版社,2008.
[8]王荣兴.数控铣削加工实训[M].上海:华东师范大学出版社,2008.
[9]闫华明.数控加工工艺与编程[M].天津:天津大学出版社,2009.